观赏藤蔓、绿篱与景观

●陈恒彬　刘开聪　编著

長江出版傳媒
湖北科学技术出版社

图书在版编目（CIP）数据

观赏藤蔓、绿篱与景观 / 陈恒彬, 刘开聪编著. —武汉：湖北科学技术出版社, 2020.5

ISBN 978-7-5352-9913-0

Ⅰ. ①观… Ⅱ. ①陈… ②刘… Ⅲ. ①攀缘植物—观赏园艺②绿篱—观赏园艺③攀缘植物—景观设计④绿篱—景观设计 Ⅳ. ①S687.3②TU986.2

中国版本图书馆CIP数据核字(2017)第310243号

责任编辑：严 冰 张娇燕　　封面设计：喻 杨

出版发行：湖北科学技术出版社　　电话：027-87679468

地　　址：武汉市雄楚大街268号（湖北出版文化城B座13-14层）　　邮编：430070

网　　址：http：//www.hbstp.com.cn

印　　刷：武汉市金港彩印有限公司　　邮编：430023

787 × 1092　1/16　10. 5 印张　300千字

2020年5月第1版　　2020年5月第1次印刷

定价：88.00元

前言

藤本植物，又称藤蔓植物、攀缘植物等，是指茎自身不能直立，必须依附其他物体生长的一类植物；观赏藤本植物是指具有园林应用价值的藤本植物种类。依照其生物学特性，可分为缠绕、吸附、卷须和藤蔓四个类型。

绿篱，或称绿墙，是指由灌木或小乔木，以相等的株行距，单行或双行排列成行而构成的不透光不透风结构的规则林带；根据高度的不同，可分为绿墙、高绿篱、绿篱和矮绿篱四种。

观赏藤本植物在城乡的园林绿化中，对拓展园林空间，丰富园林绿化景观起着很大的作用，是垂直绿化的重要组成部分。绿篱对于绿地的空间隔离、增加绿色质感、美化景观、防尘隔音等都能起重要的作用。

本书收集藤本植物 132 种、绿篱植物 16 种。对每种植

物的中文名、学名、科名、属名、形态特征、产地分布、生长习性和园林用途进行介绍和描述。全书分藤本、绿篱两部分，各部分的排列依照科名的中文拼音顺序，科内各种按学名字母顺序排列。

本书编写过程中，受到陈榕生先生的鼓励和关怀，也得到相关人员的支持和帮助；广州百彤文化传播有限公司王斌先生为本书的选题和出版花费了大量的精力，在此一并致谢！

编著者

丁酉年春节于厦门

目录

第一部分 总论

一、观赏藤本植物……1
（一）观赏藤本植物的概念……1
（二）观赏藤本植物的形态类型……2
（三）观赏藤本植物的应用……3
二、绿篱……4
（一）绿篱的概念……4
（二）绿篱的类型……5
（三）绿篱的应用……5

第二部分 各论

观赏藤本

文竹……6
鞭藤……7
蛇藤……8
小刀豆……9
蝶豆……10
白花油麻藤……11
常春油麻藤……12
翠玉藤……13
紫藤……14
鹰爪……15
紫玉盘……16
金线吊乌龟……17
瘤茎藤……18
橡胶藤……19
榼藤子……20
匍匐镰序竹……21
山药……22
红瓜……23
木鳖子……24
嘴状苦瓜……25
厚叶棒锤瓜……26
老鼠瓜……27
碧雷鼓……28
软枝黄蝉……29
紫蝉……30
清明花……31
鹿角藤……32
双腺藤……33
爬森藤……34
金香藤……35
络石……36
蔓长春藤……37
风车藤……38
星果藤……39
宫灯花……40
光耀藤……41
翼叶老鸦嘴……42
大花老鸦嘴……43
樟叶老鸦嘴……44
黄花老鸦嘴……45
香荚兰……46
珊瑚藤……47
何首乌……48
绒苞藤……49
楔翅藤……50
爱之蔓……51
眼树莲……52
苦藤……53
球兰……54
心叶球兰……55
多花黑鳗藤……56
夜来香……57
美丽赪桐……58
红花龙吐珠……59
龙吐珠……60
蓝花藤……61
马兜铃……62
大花马兜铃……63
广西马兜铃……64
公鸡花……65
开口马兜铃……66
美洲钩吻……67

大花铁线莲......68
猕猴桃......69
云南黄素馨......70
迎春......71
扭肚藤......72
多花素馨......73
茉莉......74
花叶白粉藤......75
翡翠阁......76
白粉藤......77
锦屏藤......78
异叶爬山虎......79
爬山虎......80
扁担藤......81
葡萄......82
木香......83
藤本月季......84
长筒金杯花......85
金杯花......86
藤茄......87
金红久忍冬......88
金银花......89
薜荔......90
地果......91
越橘叶蔓榕......92
使君子......93
龟甲龙......94
龙须藤......95
首冠藤......96
粉叶羊蹄甲......97
云实......98
印尼藤......99
绿萝......100
麒麟尾......101
龟背竹......102
三裂树藤......103
大叶崖角藤......104
扶芳藤......105
倒地铃......106
洋常春藤......107
南五味子......108
掌叶西番莲......109
蝎尾西番莲......110
西番莲......111
红花西番莲......112
鸡蛋果......113
大果西番莲......114
量天尺......115
木麒麟......116
爆仗竹......117
银背藤......118
美丽银背藤......119
五爪金龙......120
树牵牛......121
厚藤......122
鱼黄草......123
木玫瑰......124
牵牛......125
茑萝......126
三角梅......127
凌霄......128
美国凌霄......129
连理藤......130
猫爪藤......131
蒜香藤......132
粉花凌霄......133
紫芸藤......134
炮仗花......135
紫铃藤......136
硬骨凌霄......137

绿篱植物

彩叶山漆茎......138
红背桂......139
龟甲冬青......140
凤尾竹......141
小叶樱桃......142
红花檵木......143
金叶假连翘......144
小腊......145
长隔木......146
六月雪......147
火棘......148
黄金榕......149
钟花蒲桃......150
七里香......151
胡椒木......152
福建茶......153

中文名索引......154

拉丁名索引......156

第一部分　总论

一、观赏藤本植物

（一）观赏藤本植物的概念

1. 藤本植物的概念

藤本植物，又称藤蔓植物、攀缘植物等，是指茎自身不能直立，必须依附其他物体生长的一类植物。狭义的藤本植物，专指茎细长，凭借茎的自身功能或其他部位具备特殊的构造，攀附他物向上伸展的植物，有茎缠绕和攀缘两种类型；广义的藤本植物，除了缠绕、攀缘的类型外，还包括匍匐、垂吊和披散等类型。本书采用的是广义的概念。

2. 观赏藤本植物的概况

观赏藤本植物是指具有园林应用价值的藤本植物种类。本书收集的观赏藤本植物种类，大部分引种驯化成功，在园林中得到应用，小部分为原生种类。这些种类，有的茎体态变异，有扁平的，有膨大的，可观茎；有的种类的叶片形态别致多样，叶色会变化，可观叶；更多的种类有美丽多彩的花或花序，可观花；有的种类重在观果。

（二）观赏藤本植物的形态类型

1. 缠绕类藤本植物

茎细长，幼时枝条螺旋状缠绕向上伸展。按其旋转的方向不同，可分为以下 3 种类型：①左旋型，茎向左转，如牵牛、常春油麻藤等；②右旋型，茎向右转，如大花老鸦嘴等；③随意型，茎的旋转无固定方向，时左时右，如文竹、猕猴桃等。

2. 吸附类藤本植物

依靠特殊的吸附结构如吸盘和气生根吸附物体表面而攀缘。按结构的不同，可分为 2 种类型：①吸盘吸附型，茎卷须的先端膨大形成圆而扁平的吸盘，吸附他物攀伸而上，如异叶爬山虎等；②气生根吸附型，茎上长有气生根，气生根吸附物体的表面，攀缘上升，如凌霄、三裂树藤等。

3. 卷须类藤本植物

依靠植物的卷须攀附物体而延伸。根据卷须的起源和性质，分为 6 种类型：①茎卷须型，茎变态成卷须，如葡萄等；②小叶卷须型，羽状复叶的部分小叶变态成卷须，如炮仗花等；③叶尖卷须型，叶片的顶端卷曲成卷须，如鞭藤；④叶柄卷须型，叶柄变态成卷须，如大花铁线莲；⑤托叶卷须型，叶柄基部的托叶变化成卷须，如红瓜、厚叶棒锤瓜等；⑥花卷须型，花特化而成卷须，如鹰爪。

4. 藤蔓类藤本植物

这类植物没有特别突出的攀缘器官，其茎细或长，枝条披散、匍匐、垂吊或攀挂伸长。依照茎的性质和攀缘方式，分为 3 种类型：①匍匐型，茎大多沿地面生长，如越桔叶蔓榕；②垂吊型，茎下垂，如爱之蔓；③披散型，枝条披散爬伸，如金杯花、软枝黄蝉等。

（三）观赏藤本植物的应用

由于城市化进程的加快，城镇规模持续扩大，土地资源不断被占用，城市建筑密度越来越大，可作园林绿化的地域越来越少。为了增加城市绿化量，园林部门采取各种方式来进行绿化和美化，通过探索，发现利用观赏藤本植物进行立体绿化美化，具有占地少、见效快、绿化率高等特点，是一种行之有效且较为简便的方法。园林应用方式主要有以下几种。

1. 花架的应用

花架是观赏藤本植物最常见的应用载体，与藤本植物优美的形态相互衬托，达到刚柔并济的效果。花架在园林中有休息赏景、点缀风景、组织划分和联系空间的功能，布置在广场周边、草地边缘、草地中央、园路上、水旁，也有与园林建筑相结合的作用。不同形式的花架采取不同的植物配置，常见的植物可以选择炮仗花、蓝花藤、美丽银背藤、大花马兜铃、大花老鸦嘴、红花西番莲、常春油麻藤、白花油麻藤等。

2. 围墙、护栏的应用

围墙和护栏都具有围合和屏障的功能，适当的观赏藤本植物配置可进一步增强空间分隔效果，增加观赏性。围墙和护栏绿化，可以选择中型观赏藤本植物，如炮仗花、珊瑚藤、蒜香藤、连理藤、藤本月季、蛇藤等。

3. 阳台的应用

阳台是连接室内外的过渡空间，一般阳台比较狭窄，与人距离亲近，栽培条件有限，可选用小型、质感细腻柔和、没有异味的藤本植物，如蛇藤、茑萝、蝶豆、鸡蛋果、金银花等。

4. 墙面的应用

用观赏藤本植物覆盖墙面可软化建筑线条，优化建筑立面视觉效果，降低建筑物温度，有明显的生态功能和美化效果。在植物选择方面，要考虑攀爬能力，一般选择吸附类的藤本植物，如凌霄、美国凌霄、爬山虎、异叶爬山虎、薜荔、三裂树藤等。

5. 林中景观营造的应用

丰富林中的观赏藤本植物，是打造生态园林的重要手段。利用部分藤本植物生长快的特点，在林下构成立体绿化体系，使林下地域可迅速覆绿。在植物选择方面，考虑选择耐阴的藤本植物，如山蒟、合果芋、三裂树藤、绿萝、龟背竹、春羽、大叶崖爬藤等。

6. 桥体的应用

桥体有立交桥、高架桥和过街天桥等形式，利用观赏藤本植物，不仅可软化墙体结构，美化环境，还可起到降尘、净化空气的效果。立交桥可选用耐旱、耐瘠薄、生长较为迅速的藤本植物，如异叶爬墙虎、薜荔等；高架桥桥面边缘可设置种植槽，过街天桥设置花箱，配置藤蔓类披散型藤本植物，如三角梅、云南黄素馨等。

二、绿篱

（一）绿篱的概念

绿篱，或称绿墙，是指由灌木或小乔木以相等的株行距，单行或双行排列成行而构成的不透光不透风结构的规则林带。狭义的绿篱，专指中绿篱；广义的绿篱，包括绿墙、高绿篱、中绿篱和矮绿篱 4 种。本书的植物选择中采纳狭义的概念，介绍园林绿地中最常用的绿篱植物种类。

（二）绿篱的类型

1. 绿墙

又称树墙，指高度在 160 cm 以上，把人们的视线阻挡起来不能向外透视的绿篱，如珊瑚树、钟花蒲桃绿篱。

2. 高绿篱

指高度在 160 cm 以下，120 cm 以上，人们的视线还可以通过，但其高度不能跳跃而过的绿篱，如小蜡绿篱。

3. 中绿篱

园林绿地中常见的绿篱类型，也是本书中所称的绿篱。指高度在 120 cm 以下，50 cm 以上，人们要比较费力才能跨越或跳跃而过的绿篱，如红背桂、七里香绿篱等。

4. 矮绿篱

指高度在 50 cm 以下，人们可以毫不费力地跨过的绿篱，如胡椒木、六月雪绿篱等。

（三）绿篱的应用

绿篱是园林中植物种植的一种类型，可以选择的植物种类较多、习性多样、形态各异，在园林中起到独特的作用。

1. 防范和围护

防范是绿篱的固有特性，也是最原始、最古老、最普遍的园林用途，所有的绿篱，可以作为单位、住宅、道路等的四周境界，阻止人们穿越，起到与外界隔离的作用；同样地，在宅院、公园或公共绿地，不让行人随意穿行，也可以用绿篱隔离，起到围护的作用。

2. 绿地屏障和空间组织

在园林绿地中，可以用绿篱来隔离空间，以达到遮挡视线和分隔不同功能区域的目的。一般选择较高、常绿的植物种类，如钟花蒲桃、长隔木等。

3. 规则式园林的区划线

规则式园林，一般都是用绿篱作为分区的界限，也以绿篱作为花镜的镶边、花坛和观赏草坪的图案花纹。这类绿篱植物，宜选择常绿、叶片较小、致密的种类，如福建茶、胡椒木等。

4. 美化挡土墙

不同高度的两块园林绿地之间，常会出现挡土墙，为了避免墙体在立面上的单调和不美观，在挡土墙的前方，栽植绿篱，能起到软化墙面、美化墙体的作用。常见的绿篱植物可选择常绿开花或花叶的种类，如小叶樱桃、花叶山漆茎等。

第二部分　各论

观赏藤本

文竹

Asparagus setaceus

百合科天门冬属

形态特征：多年生草质藤本。茎伸长具有攀援性；枝条叶状，纤细而展开成羽毛状。花小，两性，白绿色。浆果球形，成熟后紫黑色。花期2—3月或6—7月。

产地分布：原产于南非。现世界各地多有栽培，我国各地有栽培。

生长习性：喜半荫的环境；土壤要求疏松、通气条件好、富含有机质。

园林用途：用于小型花架、护栏和山石的绿化，常作盆栽观赏。

鞭藤

Flagellaria indica

鞭藤科鞭藤属

别名：须叶藤

形态特征：多年生常绿藤本植物。茎具紧密包裹的叶鞘。叶披针形，顶端渐狭成一扁平、盘卷的卷须，常以此攀缘。圆锥花序顶生；花小，白色。核果球形，成熟时带黄红色。花期4—7月，果期9—11月。

产地分布：我国台湾、广东、广西、海南等省区和印度、中南半岛、菲律宾、印度尼西亚及澳大利亚。

生长习性：喜生长于半荫的环境中，不耐寒；土壤以肥沃疏松的壤土为好。

园林用途：叶卷须独特，应用于花架，也可盆栽观赏。

蛇藤

Hibbertia scandens

第伦桃科束蕊花属

形态特征：多年生常绿草质藤本。茎缠绕。叶长椭圆形，上面绿色，光滑，下面被白色绢毛。花单生叶腋，花冠黄色，花瓣 5~6，雄蕊多数。花期 3—12 月，以夏季为最盛。

产地分布：原产于澳大利亚。21 世纪初我国引入栽培，在福建、广东、上海等地有少量种植。

生长习性：喜光照充足的环境。半荫条件下亦能生长，喜湿润的气候，喜肥，土壤要求肥沃，排水条件好，抗寒性稍差。

园林用途：花期长，花色鲜艳，应用于花架、围墙和护栏。

小刀豆

Canavalia cathartica

蝶形花科刀豆属

别名：海刀豆

形态特征：多年生草质藤本。叶为三出复叶。花组成总状花序；花萼钟状二唇形，上唇大，下唇小；花冠淡红色至红紫色，花瓣具耳。荚果长圆形，厚革质，顶端有喙。花期 6—8 月，果期 8—10 月。

产地分布：我国广东、广西、台湾、福建、浙江等省区。亚洲其他地区、非洲、澳洲的热带地区也有分布，偶见引种栽培。

生长习性：生于沿海砂质地，耐盐，耐风，耐贫瘠土壤。

园林用途：良好的防风固沙植物，可用护坡绿化。

蝶豆

Clitoria ternatea

蝶形花科蝶豆属

形态特征：多年生落叶草质藤本。茎缠绕。单数羽状复叶互生。花大，单生，花冠粉红色至蓝色，旗瓣宽，倒卵形，翼瓣与龙骨瓣远较旗瓣小。荚果长圆形，扁平，具长喙。花期从春至秋，以夏季为盛。

产地分布：原产于热带地区。我国可能从东南亚地区引种栽培，广东、广西、海南、台湾和福建等省区有栽培。

生长习性：喜光；土壤要求富含有机质，排水条件好。

园林用途：应用于棚架、花架、围墙和护栏，也作盆栽观赏。

常见栽培有白花蝶豆 *Clitoria ternatea* 'Albiflore'，花白色；重瓣蝶豆 *Clitoria ternatea* 'Pleniflora'，花蓝色，重瓣，较蝶豆大。

白花油麻藤

Mucuna birdwoodiana

蝶形花科黧豆属

别名：禾雀花

形态特征：多年生大型木质藤本。茎缠绕。叶为奇数羽状复叶。总状花序通常生于老枝上，下垂，长达 30 cm；花冠白色或带绿白色。果木质，近念珠状。花期 4—6 月，果期 6—11 月。

产地分布：我国江西、福建、广东、广西、贵州、四川等省区。广东和福建的部分公园和植物园有栽培。

生长习性：喜光照充足的环境，半荫条件下也能生长，喜肥，土壤要求肥沃，排水条件好。

园林用途：花多，花冠犹如小鸟，有趣，应用于棚架和花架。

常春油麻藤

Mucuna sempervirens

蝶形花科黧豆属

形态特征：多年生常绿大型木质藤本。茎缠绕。奇数羽状复叶互生，小叶3枚。总状花序生于老茎上，下垂；花多数；花冠深紫色或紫红色。荚果带状，扁平，密被金黄色粗毛。花期4—10月。

产地分布：福建、浙江、江西、云南、贵州、湖北、四川等省，日本。各地偶见有栽培。

生长习性：喜半荫的条件，喜肥，土壤要求肥沃，排水条件好。

园林用途：应用于棚架、花架和围墙。

翠玉藤

Strongylodon macrobotrys

蝶形花科翠玉藤属

形态特征：多年生常绿大型藤本。叶互生，羽状复叶有小叶3枚。总状花序下垂，花多数成簇聚集在一起；花萼土灰色；花冠蓝绿色。花期4—6月。

产地分布：原产于菲律宾。现世界热带地区栽培，我国香港，广州、西双版纳等地引种栽培。

生长习性：喜光，在半荫的环境下也能生长。

园林用途：花色艳丽，奇特，常用于花架和林中景观配置。

紫藤

Wisteria sinensis

蝶形花科紫藤属

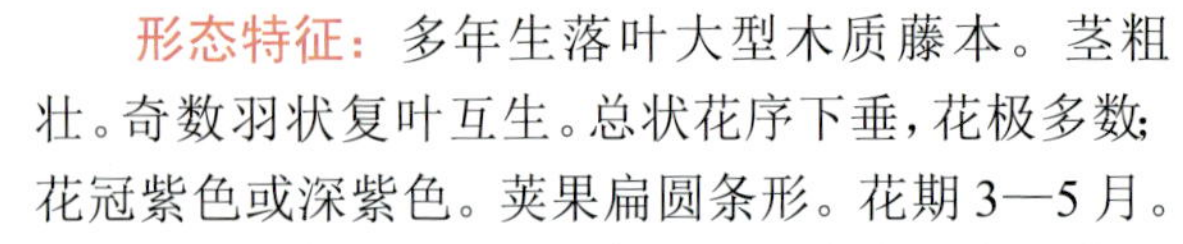

形态特征：多年生落叶大型木质藤本。茎粗壮。奇数羽状复叶互生。总状花序下垂，花极多数；花冠紫色或深紫色。荚果扁圆条形。花期3—5月。

产地分布：我国南北各地和日本常见有栽培。

生长习性：喜光；土壤要求疏松、透气、腐殖质含量高。

园林用途：应用于棚架、花架、围墙和护栏，也作盆景栽培观赏。

鹰爪

Artabotrys hexapetalus

番荔枝科鹰爪花属

别名：鹰爪花

形态特征：多年生披散型木质藤本。叶长圆形或阔披针形。总花梗木质，弯成钩状卷须，花淡绿色至淡黄色，芳香。果卵形，数个聚生于花托上，成熟时黄色。花期5—8月，果期5—12月。

产地分布：福建、广东、广西、江西、台湾、云南、浙江、湖北等省区，印度至菲律宾。我国南方各地常见有栽培。

生长习性：喜光，对土壤的要求不严，在通气、透水性良好的壤土生长较好。

园林用途：花极芳香，用于花架、护坡，也常作灌木用。

紫玉盘

Uvaria microcarpa

番荔枝科紫玉盘属

形态特征：多年生披散型木质藤本，全株被星状毛。叶革质，长倒卵形或阔长圆形。花 1~2 朵，与叶对生或腋生；花瓣紫红色。果卵圆形或短圆柱状。花期 3—8 月，果期 7 月至翌年 3 月。

产地分布：福建、广东、海南和广西等省区，越南。厦门和深圳的植物园有栽培。

生长习性：宜在半荫的环境中生长，对土壤的要求不高。

园林用途：常用于花架、棚架和林中景观配置。

金线吊乌龟

Stephania cephalantha

防已科千金藤属

形态特征：多年生落叶草质藤本，块根近圆球形；叶纸质，三角状扁圆形至近圆形。花单性，雌雄异株，花序同形。核果阔倒卵圆形，成熟时红色。花期 4—5 月，果期 6—7 月。

产地分布：陕西、浙江、江苏、安徽、台湾、四川、贵州、广西、广东、湖南等地，常见有栽培。

生长习性：适应性较好，喜半荫环境和温暖气候条件。

园林用途：适宜在公园、庭院中作矮篱，也常作多肉植物栽培，用于盆栽作室内装饰。

瘤茎藤

Tinospora crispa

防已科青牛胆属

形态特征：多年生落叶藤本。茎稍肉质，具瘤刺状突起，常有很长的气生根。叶阔卵状心形至圆形。花组成总状花序，单性，雄花黄色。果近球形，成熟时橙红色。花期春季，果期夏季。

产地分布：我国云南省，印度、中南半岛至马来群岛。我国广东、广西和福建等省区有栽培。

生长习性：喜光，对土壤的要求不严。

园林用途：常用于花架、棚架的绿化美化。

橡胶藤

Cryptostegia madagascariensis

杠柳科桉叶藤属

别名：橡胶紫茉莉

形态特征：多年生落叶披散型藤本。叶对生，长椭圆形或长卵形。花单生或数朵组成缩短的圆锥花序，花冠漏斗形，粉紫色。蓇葖果三角状卵形。花期5—7月，果期10—12月。

产地分布：原产于马达加斯加。我国广东、海南、福建等地有栽培。

生长习性：喜光，要求阳光充足、温湿的环境，不耐寒，对土壤的要求不高，在通气好的壤土中生长较好。

园林用途：应用于花架，也常作灌木栽培。

榼藤子

Entada phaseoloides

含羞草科榼藤属

别名：眼镜豆

形态特征：多年生常绿木质大藤本。茎扭曲，小枝具棱。叶为二回羽状复叶。穗状花序单生或排成圆锥状；花淡黄色。荚果木质，弯曲，扁平；种子大，近圆形，暗棕色。花期4—7月。

产地分布：我国台湾、福建、广东、广西、云南、西藏等省区，东半球热带亚热带地区。我国南方各地常见有栽培。

生长习性：喜光，喜高温高湿的气候条件，常攀缘在大乔木上。

园林用途：用于花架、棚架和林中景观配置。

匍匐镰序竹

Drepanostachyum stoloniforme

禾本科镰序竹属

形态特征：藤本状竹类植物。竿丛生；全竿25~55节；箨环隆起，箨鞘短于节间；箨舌截形或微下凹；箨叶锥形或线状披针形；叶舌截形，叶片较小，狭披针形。花期3—4月。

产地分布：原产于贵州。厦门市园林植物园引种栽培。

生长习性：喜温暖湿润的环境，适宜在半荫的环境中生长，在土层深厚、通气性好的壤土中生长较好。

园林用途：用于花架。

山蒟

Piper hancei

胡椒科胡椒属

形态特征： 多年生常绿草质藤本。茎节上生根。叶两型，营养叶近心形，繁殖叶卵状披针形或椭圆形。花单性，雌雄异株，聚集成穗状花序。浆果球形，黄色。花期3—8月。

产地分布： 我国浙江、福建、江西、湖南、广东、广西、贵州和云南。广州、厦门的植物园和园林部门常见有栽培。

生长习性： 喜半荫、湿润的环境条件，适应于弱光的林下生长。

园林用途： 应用于林中景观营造。

红瓜

Coccinia grandis

葫芦科红瓜属

形态特征：多年生草质藤本。根粗壮。茎多分枝。叶形多变，轮廓为阔心形或三角形。花单性，雌雄异株，花冠白色或稍带黄色。浆果纺锤形，熟时深红色。花果期 5—10 月。

产地分布：原产于东南亚和印度。广东、广西、海南、云南和福建等省区有栽培，或逸为野生。

生长习性：全日照、半日照均能生长，适应性强，常攀爬于围墙、树干上。

园林用途：应用于围墙、花架和护坡绿化。要适当控制，以免形成生态危害。

木鳖子

Momordica cochinchinensis

葫芦科苦瓜属

形态特征：多年生粗壮大藤本。具地下块状根。卷须腋生，粗壮。叶卵状心形或宽卵状圆形。花雌雄异株，花冠淡黄色。果实卵球形，顶端有1短喙，成熟时红色。花期6—8月，果期8—10月。

产地分布：我国华东、中南、西南，中南半岛及印度半岛。各地偶见有栽培。

生长习性：喜光，不甚耐阴；对土壤的要求不高，在疏松、肥沃、排水好的壤土生长为好。

园林用途：多用于花架或棚架。

嘴状苦瓜

Momordica rostrata

葫芦科苦瓜属

形态特征：多年生木质藤本。茎基部膨大，直径可达 30 cm。叶互生，5~9 裂。花雌雄异株，花瓣黄色。果卵圆形，成熟时红色。花期 5—7 月。

产地分布：原产于肯尼亚、坦赞尼亚、埃塞俄比亚、乌干达等国。我国引入时间不长，目前只在少数植物园种植。

生长习性：常作多肉植物栽培，忌水湿，在干燥的沙质壤土中生长较好。冬天须做好防寒措施。

园林用途：常作盆栽观赏，亦可在室内花架展示。

厚叶棒锤瓜

Neoalsomitra sarcophylla

葫芦科棒锤瓜属

形态特征：多年生藤本植物。叶为复叶，3 小叶，卵圆形、宽卵圆形或长卵圆形，肉质。卷须单一。花雌雄异株，组成圆锥花序，花冠白色或黄绿色。果实棒锤状或圆柱状。花期 6—8 月。

产地分布：我国广西，柬埔寨、老挝、缅甸、泰国、越南、东帝汶、印度尼西亚、马来西亚及菲律宾偶见有栽培。

生长习性：喜光，在半荫的环境下也能生长。对土壤要求不严。

园林用途：常作多肉植物栽培，应用于花架、围墙。

老鼠瓜

Trichosanthes cucumerina

葫芦科栝楼属

形态特征：一年生草质藤本。块根膨大呈纺锤形。茎多分枝，具卷须。叶互生，阔卵形。雌雄同株异花；花冠白色，裂片顶端流苏状。果实卵圆锥形，顶端具喙，成熟时红色。花果期秋季。

产地分布：云南和广西。广东、福建等地的园林部门和植物园有栽培。

生长习性：喜光，对土壤的要求不严。

园林用途：用于花架。

碧雷鼓

Xerosicyos danguyi

葫芦科沙葫芦属

别名：绿之太鼓

形态特征：多年生肉质藤本。茎多分枝。叶互生，肉质，圆形或近圆形。花组成圆锥花序状，无总花梗；雌雄异株；花淡黄绿色。花期 3—4 月。

产地分布：原产于马达加斯加，现热带地区有栽培。广东、福建等省区的植物园偶有栽培。

生长习性：喜光，喜温暖，在排水良好的壤土上生长较好。

园林用途：常作多肉植物栽培，应用于花架或山石配景，也可盆栽观赏。

软枝黄蝉

Allamanda cathartica

夹竹桃科黄蝉属

形态特征： 多年生常绿蔓性藤本。叶3~4枚，轮生或有时对生，倒卵状披针形或长椭圆形。聚伞花序腋生；花冠黄色，内有红褐色条纹。蒴果球形，表面有软刺。花期5—9月，果期9—11月。

产地分布： 原产于巴西，现广植于世界热带地区。我国广东、广西、台湾、福建、云南等省区有栽培。

生长习性： 喜光，喜高温多湿，要求全日照、温暖的地点栽培。

园林用途： 应用于花架和护坡，常作灌木、地被栽培，也作盆栽观赏。

紫蝉

Allamanda violacea

夹竹桃科黄蝉属

形态特征： 多年生半落叶蔓性藤本。叶 4 枚轮生，长椭圆形或倒卵状披针形。花单生叶腋或 2~3 朵组成花序；花冠暗桃红色或淡紫红色，漏斗形。花期 5—11 月。

产地分布： 原产于巴西。现热带地区普遍有栽培，我国南方部分城市近年引入栽培。

生长习性： 喜光，要求强光的环境条件，对土壤要求不严，在通气良好的沙壤土中生长为好。

园林用途： 应用于花架，常作灌木栽培、盆栽观赏。

清明花

Beaumontia grandiflora

夹竹桃科清明花属

形态特征：多年生常绿木质藤本。茎缠绕，大型。叶对生。聚伞花序顶生，有花3~5朵或更多；花冠大型，白色；雄蕊着生于冠筒喉部。蓇葖果形状多变。花期4—7月，果期9—11月。

产地分布：原产于我国云南南部和印度。我国广西、广东和福建等地有栽培。

生长习性：喜光，宜选择阳光充足的棚架栽培。

园林用途：花大型，应用于花架。

鹿角藤

Chonemorpha eriostylis

夹竹桃科鹿角藤属

形态特征： 多年生粗壮木质藤本。茎具丰富乳汁。叶对生，倒卵形或宽长圆形。花排成顶生的聚伞花序，花冠白色或带乳黄色，近高脚碟状。蓇葖果叉生，长圆状披针形。花期5—7月，果期9—11月。

产地分布： 产于我国云南、广西等省区，斯里兰卡、印度、缅甸、马来西亚、印度尼西亚。我国广东、福建等地引种栽培。

生长习性： 喜光，要求日照充足，半荫处也能生长，但花开较少。土壤要求富含有机质，排水条件好。

园林用途： 花大夺目，应用于花架和棚架。

双腺藤

Mandevilla amabilis 'Alice Du Pont'

夹竹桃科飘香藤属

别名：飘香藤

形态特征：多年生半落叶木质藤本。茎缠绕。叶对生，椭圆形至卵状椭圆形。聚伞花序腋生，具花 3~5；花冠漏斗形，白色、红色至粉红色。花期几全年，以夏季最为盛。

产地分布：园艺杂交品种。我国广东、福建、台湾等地引种栽培。

生长习性：喜光，喜温暖湿润的环境，不耐寒，在日照充足的地方生长较好，半荫处也能生长。

园林用途：花大色艳，应用于花架、栅栏，也常作盆栽观赏。

爬森藤

Parsonsia alboflavescens

夹竹桃科同心结属

形态特征：多年生常绿木质藤本。茎具乳汁。叶对生，卵圆形或卵圆状长圆形。聚伞花序伞房状，腋生，有花20~30；花冠白色。蓇葖果条状披针形。花期4—5月，果期7—9月。

产地分布：产于我国福建、广东、海南、台湾等省区，印度、斯里兰卡、缅甸、马来半岛、印度尼西亚、菲律宾、中南半岛等。

生长习性：喜光，耐盐碱，对土壤要求不严。

园林用途：用于小型花架。

金香藤

Pentalinon luteum

夹竹桃科金香藤属

形态特征：多年生常绿草质藤本。茎缠绕。叶对生，椭圆形或卵状椭圆形，上面明亮而富有光泽。花腋生，组成圆锥花序；花萼绿色；花冠黄色，漏斗形，顶端5裂。花期4—8月。

产地分布：原产于美国及西印度群岛，现热带地区广为种植。我国南方部分省区引种栽培。

生长习性：喜光，喜温暖湿润的环境条件，不耐寒，忌长期积水。土壤以疏松、肥沃的沙质壤土为佳。

园林用途：花色艳丽，应用于花架，常作盆栽观赏。

络石

Trachelospermum jasminoides

夹竹桃科络石属

形态特征：多年生常绿藤本。茎有乳汁，具气生根。叶对生，椭圆形至卵状椭圆形或宽倒卵形。二歧聚伞花序顶生或腋生；花冠白色，高脚碟状。蓇葖果叉开，线状披针形，双生。花期6—7月，果期8—12月。

产地分布：我国黄河以南各省区。

生长习性：喜半荫湿润的环境，耐旱也耐湿，对土壤要求不严，以排水良好的砂壤土最为适宜。

园林用途：生长较快，应用于山石、柱面和护坡，也常作地被应用。

蔓长春藤

Vinca major

夹竹桃科蔓长春花属

别名：长春藤

形态特征：多年生草质藤本。茎丛生，多分枝。叶对生，卵圆形至椭圆形。花单生叶腋；花冠蓝色或浅蓝色，高脚碟状，顶端5裂。花期3—5月。

产地分布：原产于欧洲，我国南方各地引种栽培多年。

生长习性：对日照要求不严，在半荫处生长较好。土壤要求富含有机质，排水条件好。

园林用途：山石和护坡，也常作垂吊盆栽材料。

风车藤

Hiptage benghalensis

金虎尾科风筝果属

形态特征：多年生常绿木质藤本。茎具黄白色小皮孔。叶对生，长圆形、椭圆状长圆形或卵状披针形。总状花序顶生或腋生；花瓣 5，白色至粉红色，基部变狭成爪。果有 3 翅，中间的 1 翅较长大。花期 2—4 月，果期 4—6 月。

产地分布：我国西南至东南部。南方的植物园或庭院常见有栽培。

生长习性：喜光，幼苗耐半荫的环境，对土壤的要求不严。

园林用途：常应用于花架，或作林中配置，攀爬在树干上。

星果藤

Tristellateia australasiae

金虎尾科三星果属

别名：三星果藤

形态特征：多年生半常绿木质藤本。叶对生，卵形。总状花序顶生或腋生，花多数；萼片三角形；花瓣黄色。翅果星芒状。花期 5—10 月，果期 9—11 月。

产地分布：台湾南部，马来西亚、澳大利亚热带地区及大洋洲各岛屿。台湾、广东、福建等地的园林部门常见有栽培。

生长习性：喜温暖、湿润的环境，喜盐雾弥漫的环境，对土壤的要求不严，在透气性良好的壤土生长较好。

园林用途：常应用于花架、棚架和护栏，也有盆栽观赏的。

宫灯花

Abutilon megapotamicum

锦葵科苘麻属

别名：蔓性风铃花

形态特征：多年生常绿蔓性藤本。茎纤幼细长，多分枝。叶卵圆形、心形或近心形。花单生于叶腋，具长梗，下垂；花萼红色，五棱形，花冠黄色，开花时伸出花萼。花期几全年，春夏较盛。

产地分布：原产于巴西等国。现世界各地有栽培，我国近年引种栽培，广东、福建、湖南等地有栽培。

生长习性：喜温暖湿润和阳光充足的环境，耐半荫，不耐寒。

园林用途：用于花架、护坡和护栏等处，也可盆栽观赏。

光耀藤

Vernonia elliptica

菊科斑鸠菊属

形态特征：多年生常绿攀缘性藤本。枝条披散，全株被银灰色绢毛。叶互生，椭圆形或倒披针形。头状花序多数，排成圆锥状；小花花冠白色，先端略呈粉红色。花期夏秋季。

产地分布：原产于马来西亚、新加坡等国。我国广东、福建和台湾等地有栽培，在台湾有的地方逸为野生。

生长习性：喜光，在半荫的环境中也能生长。

园林用途：应用于花架和林中景观营造。

翼叶老鸦嘴

Thunbergia alata

爵床科山牵牛属

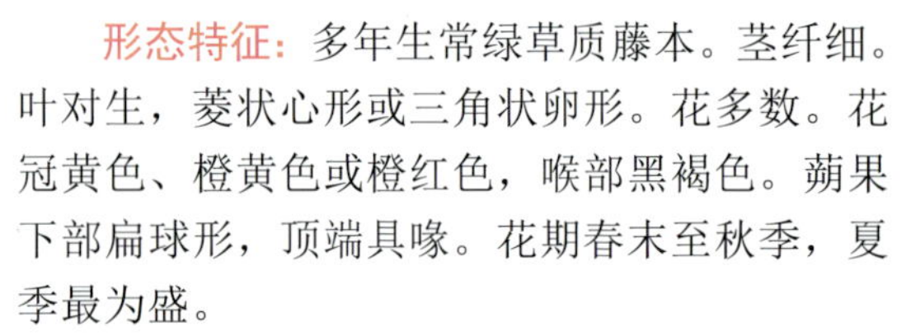

形态特征：多年生常绿草质藤本。茎纤细。叶对生，菱状心形或三角状卵形。花多数。花冠黄色、橙黄色或橙红色，喉部黑褐色。蒴果下部扁球形，顶端具喙。花期春末至秋季，夏季最为盛。

产地分布：原产于非洲热带地区。世界热带地区广泛栽培，有许多园艺品种，我国华南各地常见栽培。

生长习性：喜湿润气候，对土壤的要求不严。

园林用途：用于小型花架、围墙、山石和护栏。

大花老鸦嘴

Thunbergia grandiflora

爵床科山牵牛属

别名：大花山牵牛

形态特征：多年生常绿木质大藤本。茎粗壮。叶卵形、宽卵形至心形，两面粗糙。总状花序长而下垂，花大，花冠浅蓝色。蒴果被短柔毛。花期几全年，以夏秋季最为盛。

产地分布：原产于印度，现广植于热带和亚热带地区。广东、广西、香港、云南、福建等省区有栽培。

生长习性：要求日照充足，通风良好，喜高温多湿的环境，栽培以富含有机质和排水良好的砂质壤土为好。

园林用途：应用于花架和围墙，也作林中景观配置。

樟叶老鸦嘴

Thunbergia laurifolia

爵床科山牵牛属

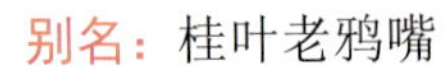

别名：桂叶老鸦嘴

形态特征：多年生常绿藤本。叶对生，披针状卵形或披针形。花多朵排成顶生的总状花序；花冠蓝紫色，喉部淡黄色。蒴果下部近球形，顶端具粗壮的喙。花期 6 月至翌年 1 月。

产地分布：原产于印度、马来西亚。广东、福建、台湾、云南等地有栽培。

生长习性：喜光，喜高温多湿的环境。土壤要求以富含有机质和排水良好的砂质壤土为好。

园林用途：应用于花架和棚架。

黄花老鸦嘴

Thunbergia mysorensis

爵床科山牵牛属

形态特征：多年生常绿藤本。叶对生，披针形或披针状卵形。总状花序下垂，花多数，花萼红褐色，花冠黄色，边缘外翻，红褐色。花期4—8月。

产地分布：原产于印度。我国近年引种栽培，目前只在广州中国科学院华南植物园温室内有栽培。

生长习性：在半荫的环境生长较好，不耐寒。

园林用途：应用于花架。

香荚兰

Vanilla planifolia

兰科香荚兰属

别名：香子兰

形态特征：常绿攀缘性藤本。茎肥厚，每节生一片叶及一条气生根。叶肉质，椭圆形至狭卵状披针形。总状花序生于叶腋，具数朵花；花大，黄绿色。荚果长圆柱形。花期 6—8 月。

产地分布：原产于中美洲。我国 1960 年从印度尼西亚引种香荚兰成功之后，先后在福建、海南和云南栽培。

生长习性：不耐寒；适合于半荫的环境，土壤要求富含腐殖质，疏松、排水良好的微酸性土壤为好。

园林用途：用于柱面和林中景观配置。

珊瑚藤

Antigonon leptopus

蓼科珊瑚藤属

别名：蓼藤

形态特征：多年生半落叶草质藤本。茎先端呈卷须状。叶互生，卵状三角形。花排成总状或圆锥花序，花淡红色，有时白色。果褐色，呈三菱形，藏于宿存花被中。花果期3—12月。

产地分布：原产于墨西哥及中美洲。热带地区广泛栽培，我国南方各省区常见有栽培。

生长习性：喜光，喜高温湿润的环境，栽培土质以肥沃之壤土或腐殖质壤土为佳。

园林用途：攀爬能力强，应用于花架、围墙和护栏。

何首乌

Polygonum multiflorum

蓼科蓼属

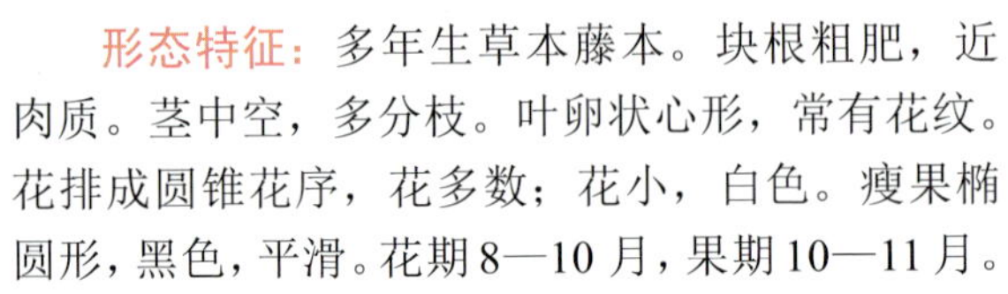

形态特征：多年生草本藤本。块根粗肥，近肉质。茎中空，多分枝。叶卵状心形，常有花纹。花排成圆锥花序，花多数；花小，白色。瘦果椭圆形，黑色，平滑。花期8—10月，果期10—11月。

产地分布：我国长江以南各省区。各地常见有栽培。

生长习性：喜光，半荫的环境也能生长。对土壤要求不严。

园林用途：应用于花架、围墙和护栏，也作盆栽观赏。

绒苞藤

Congea tomentosa

六苞藤科绒苞藤属

形态特征：多年生常绿木质藤本。叶对生，椭圆形、卵圆形或阔椭圆形。聚伞花序组成顶生或腋生的圆锥花序；花冠紫红色。核果近球形，顶端凹陷，包藏于微膨大的宿萼内。花期4—5月。

产地分布：我国云南，缅甸、泰国、印度、孟加拉国、老挝、越南及马来西亚。

生长习性：在阳光充足或半日照的条件下均可生长，土壤喜排水性能好的具肥力的壤土。

园林用途：生长快速，容易成荫，应用于花架和围墙。

楔翅藤

Sphenodesme pentandra var. *wallichiana*

六苞藤科楔翅藤属

形态特征：多年生常绿木质藤本。茎缠绕，四棱形。叶对生，嫩叶红紫色，椭圆状长圆形或披针状长圆形。花无柄，组成头状聚伞花序；花冠白色，管状或漏斗状。果球形，具刺毛。花期2—5月。

产地分布：我国海南、广东、云南等省区，印度、孟加拉国、缅甸、泰国、越南、老挝、柬埔寨及马来半岛。广州、厦门等地引入栽培。

生长习性：对日照的要求不严，喜排水性能好的具肥力的壤土。

园林用途：用于花架和围墙，也作林中景观配置。

爱之蔓

Ceropegia woodii

萝藦科吊灯花属

别名：心心相印

形态特征：多年生肉质藤本。块根球形，肉质。茎细软而下垂，节上生有零余子。叶对生，心形，肉质。聚伞花序具 2~3 花；花冠红褐色，高脚碟状。果细长，圆柱形，双生。花果期几全年。

产地分布：原产于南非及津巴布韦。热带地区普遍有栽培，我国南北各地有栽培。

生长习性：要求干燥的环境；在半日照的条件下，生长较好。

园林用途：常作多肉植物栽培，是室内垂吊盆栽的良好材料。

园艺品种爱之蔓锦 *Ceropegia woodii*‘Variegata’，栽培方法和应用与爱之蔓相同。

眼树莲

Dischidia chinensis

萝藦科眼树莲属

形态特征：多年生附生常绿藤本，全株含有乳汁。茎节上生根。叶肉质，卵圆状椭圆形。聚伞花序腋生，近无柄；花极小；花冠黄白色，坛状。蓇葖果披针状圆柱形。花期4—5月，果期5—6月。

产地分布：广东、广西、福建等地。近年部分植物园引种栽培。

生长习性：喜高温高湿的环境，半荫的条件生长较好。

园林用途：林中景观配植，也作盆栽观赏。

苦藤

Dregea volubilis

萝藦科南山藤属

别名： 南山藤

形态特征： 多年生木质大型藤本。茎具皮孔。叶宽卵形或近圆形。花多数，组成伞形状聚伞花序；花冠黄绿色。蓇葖果披针状圆柱形，种子广卵形，顶端具白色绢质种毛。花期4—9月，果期7—12月。

产地分布： 产于我国贵州、云南、广西、广东、台湾等省区，印度、孟加拉、泰国、越南、印度尼西亚及菲律宾。云南、福建等地有栽培。

生长习性： 喜光，生长迅速，对土壤的要求不高，适应性强，在透气性好的壤土生长较好。

园林用途： 应用于花架，也可作护坡绿化用。

球兰

Hoya carnosa

萝藦科球兰属

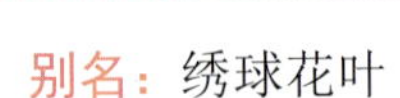

别名：绣球花叶

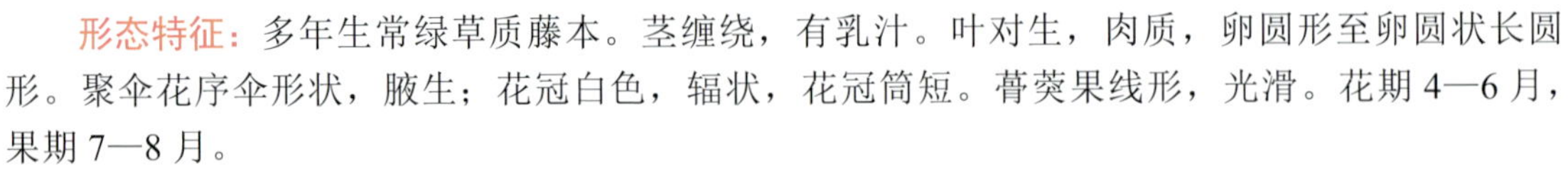

形态特征：多年生常绿草质藤本。茎缠绕，有乳汁。叶对生，肉质，卵圆形至卵圆状长圆形。聚伞花序伞形状，腋生；花冠白色，辐状，花冠筒短。蓇葖果线形，光滑。花期4—6月，果期7—8月。

产地分布：分布于我国福建、台湾、广东、广西、云南等地。各地常见有栽培。

生长习性：喜高温高湿和半荫的环境条件，在富含腐殖质的疏松壤土中生长较好。

园林用途：应用于山石、林中景观配植，常作盆栽观赏。

心叶球兰

Hoya kerrii

萝藦科球兰属

形态特征：多年生常绿肉质藤本。叶对生，肉质，倒卵圆形，顶端 2 裂。聚伞花序腋生；花冠白色，裂片外卷；副花冠裂片厚肉质。花期 6—8 月。

产地分布：原产于泰国。我国广东、广西、福建等地近年引入栽培。

生长习性：喜高温高湿的环境条件，忌日光直射，土壤要求通气和透水性良好的腐殖土。

园林用途：常作多肉植物栽培，是室内垂吊盆栽的良好材料，也应用于山石的配置。

园艺品种花叶心叶球兰 *Hoya kerrii*‘Variegata’，叶有斑纹，应用与心叶球兰相同。

多花黑鳗藤

Stephanotis floribunda

萝藦科黑鳗藤属

形态特征：多年生常绿藤本。茎缠绕。叶对生，椭圆形，暗绿色，蜡质。花组成密集的伞形花序；花冠白色，具香味，花冠筒长管状。果实椭圆形。花期4—6月。

产地分布：原产于马达加斯加群岛，世界各地有栽培。我国近年引入，多在温室栽培。

生长习性：喜半荫的环境，喜温暖多湿的气候，不耐旱，不耐寒。

园林用途：常作盆栽观赏，也可用于小型花架或山石的配置。

夜来香

Telosma cordata

萝藦科夜来香属

形态特征：多年生草质柔弱藤本。茎缠绕。叶对生，卵状长圆形至宽卵形。伞形状聚伞花序腋生，着花多达 30 朵；花芳香，花冠黄绿色，高脚碟状。蓇葖果披针形。花期 5—8 月。

产地分布：广东、广西。现南方各省区有栽培。亚洲热带和亚热带及欧洲、美洲也常见有栽培。

生长习性：喜光，在半荫的环境下也能生长。

园林用途：花极芳香，尤以夜间更盛，应用于花架，常作盆栽观赏。

美丽桢桐

Clerodendrum speciosum

马鞭草科大青属

形态特征：多年生常绿藤本。茎黑褐色，老茎中空。叶对生，卵圆形或长圆状卵圆形。花组成大型的圆锥花序；花萼紫红色；花冠红色，花冠筒长。花期10月至翌年2月。

产地分布：原产于印度尼西亚和斯里兰卡。我国南方城市有引种栽培。

生长习性：喜光照充足，喜高温湿润的气候，喜肥，栽培以肥沃、湿润的砂质壤土为佳。

园林用途：花色艳丽，常应用于花架和围墙。

红花龙吐珠

Clerodendrum splendens

马鞭草科大青属

形态特征：多年生半落叶藤本。叶对生，长圆形，浓绿色。花多数，组成顶生或腋生的聚伞花序；花萼紫红色，萼片常宿存，渐变淡红色；花冠红色。花期9月至翌年1月。

产地分布：杂交种。热带亚热带地区有栽培。我国南方部分城市有栽培。

生长习性：喜光，全日照和半日照均能生长；土壤要求肥沃、排水条件好的壤土。

园林用途：花期较长，花萼持久不落，应用于花架和围墙。

龙吐珠

Clerodendrum thomsonae

马鞭草科大青属

形态特征：多年生常绿藤本。叶对生，卵状长圆形或卵形。聚伞花序顶生或腋生；花萼裂片白色，宿存；花冠深红色，伸出花萼。核果球形，蓝色。花期7—10月。

产地分布：原产于非洲西部，现世界热带地区广为栽培。我国福建、广东、海南、台湾、香港等地有栽培。

生长习性：喜温暖、半荫和湿润的环境；土壤要求肥沃、疏松和排水良好的砂质壤土。

园林用途：花期长，用于小型花架或盆栽观赏，常作灌木、地被栽培。

蓝花藤

Petrea volubilis

马鞭草科蓝花藤属

形态特征：多年生落叶木质藤本。叶革质，较粗糙，长圆形。总状花序多少下垂，具多数疏生的花；花萼淡蓝色，长条形，宿存；花冠蓝紫色，有白色斑纹，花期5—7月。

产地分布：原产于南美洲。我国广州、厦门等地有引种栽培。

生长习性：对光照要求不严，全日照、半日照或半荫条件均能生长，喜高温多湿的环境，土壤以富含有机质和排水良好的砂质壤土为好。

园林用途：应用于花架和围墙。

马兜铃

Aristolochia debilis

马兜铃科马兜铃属

形态特征：多年生草质藤本，基部多少木质化。叶三角状椭圆形至卵状披针形或卵形。花单生于叶腋；花被上部暗紫色，下部绿色。蒴果近球形，6 瓣裂。花期 7—8 月。

产地分布：我国长江以南各省区、山东，日本。各地常见有栽培。

生长习性：喜半荫的环境，在通气良好的壤土中生长较好。

园林用途：果形特别，犹如吊起的铃铛，可用于小型花架、护栏的装饰，也有盆栽观赏的。

大花马兜铃

Aristolochia gigantea

马兜铃科马兜铃属

别名：巨花马兜铃

形态特征：多年生草质大型藤本。老茎基部变粗，纵裂。叶互生，阔三角形至卵状心形。花单生茎干或叶腋；苞片绿色；花被咖啡色，极大型，布满紫褐色斑点或条纹。花期6—11月。

产地分布：原产于巴西，现世界各热带地区有栽培。国内只有少量城市有引种。

生长习性：喜光，要求生长在日照充足的地方，半荫处也能生长；不耐寒。

园林用途：花特大型，形状独特，多应用于花架。

广西马兜铃

Aristolochia kwangsiensis

马兜铃科马兜铃属

形态特征：多年生大型木质藤本。老枝无毛，有增厚、纵裂的木栓层。叶卵状心形或圆形。花 1~3 朵成总状花序，生于茎干或叶腋；花被紫红色。蒴果椭圆柱状，6 瓣裂。花期 4—5 月，果期 8—9 月。

产地分布：我国云南、广西、广东、贵州、湖南、浙江、福建。南方各地植物园有引种栽培。

生长习性：喜半荫的环境；对土壤要求不严。

园林用途：花形独特，应用于花架。

公鸡花

Aristolochia labiata

马兜铃科马兜铃属

形态特征：多年生常绿半木质藤本。茎缠绕，基部增厚。叶心形。花单朵腋生；花被管膨大成袋状，顶端有喙状凸体。蒴果椭圆柱状，6瓣裂。花期8—11月，果期9—12月。

产地分布：原产于巴西。现世界热带地区有栽培，广州、厦门、长沙等地有引种栽培。

生长习性：喜高温高湿的条件，全日照或半日照环境均可生长。

园林用途：应用于花架或护栏，也有盆栽观赏的。

开口马兜铃

Aristolochia ringens

马兜铃科马兜铃属

别名：烟斗花

形态特征：多年生常绿半木质藤本。叶卵形、肾形或圆形。花单生叶腋，下垂；花被管基部膨大成囊状，顶端管状，棕褐色。蒴果椭圆柱状，6 瓣裂。花期 3—5 月，果期 3—7 月。

产地分布：原产于热带美洲。现世界热带地区广泛有栽培，广州、厦门等地近年引入栽培。

生长习性：全日照或半日照环境均可，喜高温；对土壤要求不严，在腐殖质壤土中生长更好。

园林用途：花形似烟斗，应用于花架或护栏。

美洲钩吻

Gelsemium sempervirens

马钱科钩吻属

别名：金钩吻

形态特征：多年生常绿藤本。茎缠绕，带紫红色。叶对生，披针形。花单生叶腋或形成聚伞花序；花冠黄色，漏斗形，有香气。蒴果2果瓣，种子有膜翅。花期2—5月。

产地分布：原产于美国中部及南部。现热带地区有栽培，近年台湾、广东、福建等南方地区引种栽培。

生长习性：喜光，要求温暖湿润的环境条件。

园林用途：花期较长，花色艳丽，应用于小型花架，也可作盆栽观赏。

大花铁线莲

Clematis hybridas

毛茛科铁线莲属

别名：杂交铁线莲

形态特征：多年生木质藤本。叶为二回三出复叶，小叶狭卵形至披针形。花单生或组成圆锥花序；萼片大，花瓣状，颜色多样，有蓝色、紫色、蓝紫色、粉红色、玫红色、紫红色、白色等。花期6—9月。

产地分布：杂交种。各地有栽培。

生长习性：喜肥沃、排水良好的碱性壤土，耐旱怕涝。

园林用途：配植于假山、岩石之间，作花柱、花门、篱笆，也可盆栽观赏。

猕猴桃

Actinidia chinensis

猕猴桃科猕猴桃属

别名：中华猕猴桃

形态特征：多年生落叶木质藤本。茎缠绕。叶圆形、卵圆形或倒卵形。花组成圆锥花序；花冠白色，后逐渐变黄色。果卵形或长圆形。花期5—6月，果期8—10月。

产地分布：我国长江流域以南各省区，南北各地有栽培，有许多品种。英国、美国、新西兰等国家从我国引种栽培。

生长习性：喜光，耐寒，要求通风良好的壤土。

园林用途：应用于花架或棚架，也可盆栽观赏。

云南黄素馨

Jasminum mesnyi

木犀科素馨属

形态特征：多年生常绿披散型藤本。小枝四方形。羽状复叶对生，小叶 3 片，长椭圆状披针形。花通常单生于叶腋，花冠黄色或淡黄色，漏斗状，花瓣较花冠筒长，栽培时常出现重瓣。花期 2—5 月。

产地分布：云南、四川、贵州。现各地有栽培。

生长习性：喜暖和向阳，要求空气湿润的环境。

园林用途：挡土墙和护坡绿化美化。

迎春

Jasminum nudiflorum

木犀科素馨属

别名：迎春花

形态特征：多年生落叶披散型藤本。枝细，四棱形。叶对生，小叶3片，小叶片卵形、长卵形或椭圆形、狭椭圆形。花单生叶腋，花冠黄色，高脚碟状。花期2—4月。

产地分布：甘肃、陕西、四川、云南、西藏。现世界各地普遍有栽培，我国南北各地有栽培。

生长习性：适应性较强，喜阴凉的气候条件，对土壤要求不严。

园林用途：挡土墙、护坡或山石旁，也作灌木栽培。

扭肚藤

Jasminum elongatum

木犀科素馨属

形态特征：多年生常绿木质藤本。茎缠绕。叶对生，卵形至卵状披针形。聚伞花序常生于侧枝之顶；花冠白色，芳香，高脚碟状。果球形，成熟时黑色。花期3—11月。

产地分布：我国广东、广西、贵州等省区，越南至锡金。华南各地常见栽培。

生长习性：喜半荫的环境，在微酸性的土壤中生长良好。

园林用途：花期长，花有香气，应用于小型花架和护栏，也可作盆栽观赏。

多花素馨

Jasminum polyanthum

木犀科素馨属

形态特征：多年生木质藤本。茎缠绕。叶对生，羽状深裂或为羽状复叶，小叶披针形或卵圆形。总状花序或圆锥花序顶生或腋生，花多数；花冠白色，带粉红色。浆果黑色，近球形。花期 2—8 月，果期 11 月。

产地分布：贵州、四川和云南。现华南、西南各地常见有栽培。

生长习性：喜半荫的环境，不耐热，对土壤的要求不严。

园林用途：花多清香，应用于花架或山石配植。

茉莉

Jasminum sambac

木犀科素馨属

别名：茉莉花

形态特征：多年生常绿藤本。茎缠绕，小枝有时中空。叶对生，圆形、椭圆形、卵状椭圆形或倒卵形。聚伞花序顶生，通常有花 3 朵；花极芳香；花冠白色，重瓣。果球形，呈紫黑色。花期 5—8 月，果期 7—9 月。

产地分布：原产于印度。中国南方和世界各地广泛有栽培。

生长习性：喜光，喜温暖湿润的气候，不耐寒，对土壤的要求不严。

园林用途：花极香，应用于小型花架，常作灌木地被植物栽培，常见盆栽观赏。

花叶白粉藤

Cissus discolor

葡萄科白粉藤属

形态特征：多年生草质藤本。茎有卷须。叶互生，卵形或卵状披针形，幼叶常具褐色花斑，成熟叶上面有银白色或紫红色的斑，下面紫红色。聚伞花序与叶对生，花黄色。浆果成熟时黑色。花期10—11月。

产地分布：原产于印度、印度尼西亚和马来西亚等地。云南、广西、福建、台湾等省区有栽培。

生长习性：喜光，耐半荫的条件，不耐寒。

园林用途：应用于花架和围墙，偶见盆栽观赏。

翡翠阁

Cissus quadrangularis

葡萄科白粉藤属

别名： 方茎青紫葛

形态特征： 多年生肉质藤本。茎匍匐，分节，茎节4棱，棱脊角质化，平滑或稍呈波浪形，节间有卷须和叶。叶心形或近三角形，有深缺刻，早落。花绿色。花期5—6月，果期10月。

产地分布： 原产于南非、阿拉伯地区和印度。我国栽培已久，在大多数地方是作为多肉植物栽培。

生长习性： 喜光，在半荫的环境中也能生长，且叶和茎更加青翠。

园林用途： 多为温室内栽培，应用于山石和小型花架，有的攀爬至其他的植物上。

白粉藤

Cissus repens

葡萄科白粉藤属

形态特征：多年生落叶草质藤本。茎圆柱形，被白粉，卷须与叶对生。叶心状卵形或狭卵形。聚伞花序与叶对生；花黄绿色。浆果球形，成熟时淡紫色。花期6—10月，果期11月至翌年5月。

产地分布：云南、贵州、广西、广东、福建、台湾等省区常见有栽培，印度、菲律宾、马来西亚及澳大利亚也有分布，华南各省区园林部门常见有栽培。

生长习性：喜光，对土壤要求不严格。

园林用途：应用于花架和山石的装饰。

锦屏藤

Cissus sieyoides

葡萄科白粉藤属

形态特征：多年生草质藤本。茎纤细，具卷须；茎节处长出红褐色或灰褐色的细长气生根，气生根长达3~4 m。叶互生，三角状心形。聚伞花序与叶对生；花淡绿白色。浆果近球形，成熟时蓝黑色。花期8—10月，果期11—12月。

产地分布：原产于美洲。现世界热带亚热带地区有栽培，我国华南各地露天栽培，华中地区室内种植。

生长习性：喜光，耐半荫，对土壤的要求不严，选择保水性佳、不会积水的壤土为佳。

园林用途：气生根多而长，犹如一道屏障，甚有趣味，应用于花架和围墙，也常见大型造型盆栽观赏。

异叶爬山虎

Parthenocissus dalzielil

葡萄科地锦属

形态特征： 多年生落叶藤本。茎粗壮；卷须纤细，顶端成吸盘。叶两型，营养枝上的叶为单叶，心状卵形或心状圆形；繁殖枝上的叶通常为三出复叶。聚伞花序常生于短枝端或叶腋；花淡绿色。浆果球形。花期4—7月，果期9—12月。

产地分布： 产于我国中南、西南、华东等省区，越南、印度尼西亚。华南各地常见有栽培。

生长习性： 喜光，半荫的环境下也能生长，对土壤要求不严。

园林用途： 攀爬能力极强，应用于建筑物墙面、柱面、山石、护坡和立交桥。

爬山虎

Parthenocissus tricuspidata

葡萄科地锦属

别名：爬墙虎

形态特征：多年生落叶藤本。茎粗壮；卷须纤细，多分叉，顶端成吸盘。叶阔卵形，顶端通常3裂。聚伞花序常生于短枝端顶端；花小，黄绿色。浆果球形。花期5—6月，果期9—10月。

产地分布：我国辽宁、河北、陕西、中南、西南、华东等省区，朝鲜、日本。各地常见有栽培。

生长习性：喜光，半荫的环境下也能生长，对土壤要求不严。

园林用途：应用于墙面、柱面、山石、护坡和立交桥。

扁担藤

Tetrastigma planicaule

葡萄科崖爬藤属

形态特征：多年生大型木质藤本。茎压扁而呈带状，卷须与叶对生。叶为掌状复叶，小叶5枚，披针形或卵披针形。花组成复伞形聚伞花序；花小，绿色。果实近球形，成熟时黄色。花期4—6月，果期8—12月。

产地分布：我国福建、广东、广西、贵州、云南、西藏等省区，老挝、越南、印度及斯里兰卡。华南部分地区有栽培。

生长习性：喜光，耐半荫；对土壤的要求不严。

园林用途：应用于花架、棚架和林中景观配置。

葡萄

Vitis vinifera

葡萄科葡萄属

形态特征：多年生落叶藤本。卷须分枝。叶圆形或卵圆形。圆锥花序大而长，紧密，下垂；花小，黄绿色。浆果卵形至卵状长圆形，成熟时紫黑色而被白粉，或红而带青色。花期4—6月，果期8—10月。

产地分布：原产于欧洲、西亚和北非一带。现世界各地有栽培，中国各地普遍有栽培。

生长习性：喜光、耐热，耐寒，栽培以肥沃、富含腐殖质的壤土为好。

园林用途：应用于花架和棚架。

木香

Rosa banksiae

蔷薇科蔷薇属

形态特征：多年生半常绿木质藤本。茎披散。叶为奇数羽状复叶，小叶 3~5 枚，椭圆状卵形。花组成伞形花序，花冠白色或黄色，单瓣或重瓣，芳香。果近球形，红色。花期 5—6 月，果期 9—10 月。

产地分布：四川、重庆、贵州、云南、西藏等省区。现各地广泛有栽培。

生长习性：喜阳光，较耐寒，畏水湿，忌积水。要求肥沃、排水良好的砂质壤土。

园林用途：应用于花架、棚架、围墙和护栏。

藤本月季

Rosa chinensis

蔷薇科蔷薇属

形态特征：多年生披散型木质藤本。茎多分枝。叶互生，奇数羽状复叶，小叶卵形至阔卵形；花瓣倒卵形，花色繁多，有朱红色、红色、粉红色、金黄色、橙黄色、白色等 。花期几全年，以春夏为盛。

产地分布：原产于我国。现世界各地广泛有栽培，我国南北各省区均有栽培。

生长习性：喜光，耐寒，不耐水湿，土壤要求不严。

园林用途：品种繁多，花色鲜艳夺目，应用于花架、棚架、围墙和护栏。

长筒金杯花

Solandra longiflora

茄科金杯花属

形态特征：多年生常绿披散型藤本。节上有气生根。叶互生，长椭圆形。花单朵顶生，花冠长筒状，开花时白色，后渐变黄色，有紫色的条纹，顶端裂片不明显。花期9—11月。

产地分布：原产于西印度群岛及古巴。我国南方少数城市有栽培。

生长习性：性喜日照及温暖的环境，全日照或半日照条件均能生长，要求富含有机质和排水良好的砂质壤土为好。

园林用途：应用于花架、围墙和护坡绿化。

金杯花

Solandra nitida

茄科金杯花属

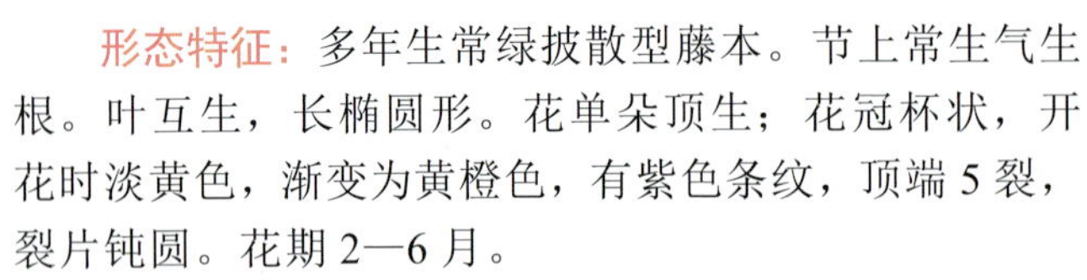

形态特征：多年生常绿披散型藤本。节上常生气生根。叶互生，长椭圆形。花单朵顶生；花冠杯状，开花时淡黄色，渐变为黄橙色，有紫色条纹，顶端5裂，裂片钝圆。花期2—6月。

产地分布：原产于墨西哥。现热带地区多见栽培，我国广东、福建、台湾等地园林部门有栽培。

生长习性：喜光，喜温暖的环境，全日照或半日照条件均能生长，富含有机质和排水良好的砂质壤土为好。

园林用途：花大型，应用于花架、护栏、围墙和护坡绿化。

藤茄

Solanum seaforthianum

茄科茄属

形态特征：多年生常绿披散型藤本。叶互生，羽状深裂，裂片卵形、长椭圆形或披针形。圆锥花序顶生或与叶对生，多少下垂；花瓣浅蓝紫色。浆果球形，成熟时鲜红色。花期4—8月，果期6—9月。

产地分布：原产于巴西。世界热带亚热带地区有栽培，我国福建、台湾等地引种栽培。

生长习性：喜光，耐半荫的环境，对土壤的要求不严，以富含腐殖质的壤土为佳。

园林用途：花色清秀独特，应用于小型花架，或作盆栽观赏。

金红久忍冬

Lonicera heckrottii

忍冬科忍冬属

形态特征：多年生半落叶藤本。幼枝红褐色。叶对生，卵形或椭圆状卵形。花在枝顶排成短总状花序，花冠外面紫红色，内面白色，二唇形，上唇裂片钝，下唇裂片反卷。花期4—8月。

产地分布：我国安徽、广东、福建、云南、江苏、浙江等地有栽培。

生长习性：耐半荫、耐旱、耐寒，但不耐热。栽植在肥沃、湿润的沙壤土上为好。

园林用途：花色艳丽，应用于小型花架好护栏，也常见盆栽观赏。

金银花

Lonicera japonica

忍冬科忍冬属

别名：忍冬

形态特征：多年生常绿藤本。叶对生，卵形至长圆状卵形。花组成总状花序，花多数，花冠白色，后逐渐变黄色；雄蕊和花柱均高出花冠。果实圆形，熟时蓝黑色。花期 4—10 月，果熟期 10—11 月。

产地分布：我国大部分地区，日本、朝鲜各地常见有栽培。

生长习性：喜光，宜日照充足的地点生长，土壤要求较肥沃、排水条件好。

园林用途：花两色，清秀，应用于花架、护栏、围墙和护坡，也常见盆栽观赏。

薜荔

Ficus pumila

桑科榕属

形态特征：多年生常绿木质藤本，幼时以不定根攀缘于墙壁或树上。叶二型，不育枝上的叶小而薄，心状卵形；在生花序托的枝上的叶呈卵状椭圆形。花序托单生于叶腋，梨形或倒卵形。花果期 7—12 月。

产地分布：我国河南、陕西，中南、西南、华东等地区，越南、日本。各地偶见有栽培。

生长习性：喜光，对立地条件要求不高。

园林用途：应用于墙面、柱面、立交桥和山石的绿化美化上。

地果

Ficus tikoua

桑科榕属

形态特征：多年生匍匐状木质藤本。全株有乳汁。茎节略膨大，触地生不定根。叶倒卵状椭圆型。花序托具短梗，蔟生于无叶的短枝上，埋于土内，球型或卵球型，熟时紫红色。花期5—6月，果期7月。

产地分布：我国云南、四川、贵州、西藏、湖南、湖北、广西等省区，印度、越南、老挝。各地公园和绿地常见有栽培。

生长习性：喜光，半荫的环境中也能生长，耐旱，耐贫瘠。

园林用途：应用于护坡和林中景观配置，适合作地被植物。

越橘叶蔓榕

Ficus vaccinioides

桑科榕属

形态特征：多年生常绿匍匐状藤本。小枝节上生根。叶纸质，倒卵状椭圆形。花序托单生或成对生于叶腋，红紫色至紫黑色，球形或卵圆形，表面粗糙，疏被毛。花果期3—12月。

产地分布：特产于我国台湾台北及台东。台湾各城市和福建的金门、厦门等地的园林部门有栽培。

生长习性：喜阳性环境，半荫的条件下也能生长。

园林用途：应用于护坡，防止水土流失，也可以作为园林绿化的地被植物。

使君子

Quisqualis indica

使君子科使君子属

形态特征：多年生半落叶大型木质藤本。叶对生，倒卵状椭圆形至卵形。花序顶生，有时近伞房状，下垂，花多数；花冠白色，渐变粉红色、红色。果近橄榄核状。花期 5—10 月，果期 9—11 月。

产地分布：我国湖南、江西、福建、台湾、广东、广西、云南、四川等省区，印度、缅甸、菲律宾。我国各地城市公园或庭院常见有栽培。

生长习性：要求日照充足，喜肥沃、排水性好的壤土。

园林用途：常应用于花架或护坡。

龟甲龙

Dioscorea elephantipes

薯蓣科薯蓣属

形态特征：多年生落叶藤本。茎干表面有龟裂成六角状的瘤块或近似六角状的木栓质树皮。茎缠绕。叶互生，心形或肾形。总状花序具多数花，花小，黄绿色，雌雄异株。花期9—11月。

产地分布：原产于非洲南部干旱的山区。世界热带地区有栽培，我国各地有栽培。

生长习性：喜温暖、干燥和日照充足的环境。

园林用途：作多肉植物栽培，可用于小型花架或盆栽观赏。

龙须藤

Bauhinia championii

苏木科羊蹄甲属

形态特征：多年生常绿大型木质藤本。茎粗壮。叶互生，卵形或心形，顶端两裂。总状花序狭长，腋生；花瓣白色，匙形。荚果倒卵状长圆形或带状，扁平。花期6—10月，果期7—12月。

产地分布：我国广东、广西、湖南、湖北、云南、贵州、四川、台湾、福建、浙江等省区，越南、印度、印度尼西亚。我国南方的植物园或公园中偶见有栽培。

生长习性：喜光，耐半荫的环境；耐寒，耐干旱。对土壤要求不严，以含有腐殖质、通气良好的壤土为佳。

园林用途：常用于花架和林中景观配置，可开发用于护坡绿化。

首冠藤

Bauhinia corymbosa

苏木科羊蹄甲属

形态特征：多年生常绿木质藤本。叶近圆形，自顶端深裂达 3/4。总状花序顶生，花多；花瓣白色，阔匙形或近圆形。荚果带状长圆形，扁平。花期 4—6 月，果期 8—12 月。

产地分布：我国广东、海南、福建、澳门等南方省区，印度等地有栽培。

生长习性：喜光，喜温暖湿润气候；适应性较强，对土壤的要求不高，在通气好的壤土中生长较好。

园林用途：枝叶致密，生长快速，用于花架、围墙和护栏等处，可开发应用于护坡绿化。

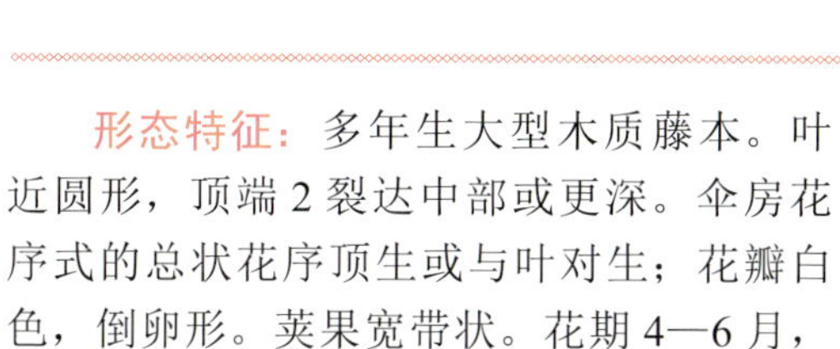

粉叶羊蹄甲

Bauhinia glauca

苏木科羊蹄甲属

形态特征：多年生大型木质藤本。叶近圆形，顶端2裂达中部或更深。伞房花序式的总状花序顶生或与叶对生；花瓣白色，倒卵形。荚果宽带状。花期4—6月，果期6—9月。

产地分布：我国广东、广西、江西、湖南、贵州、云南等省区，印度、中南半岛、印度尼西亚。近年各地植物园和园林部门有栽培。

生长习性：适应性很强，管理粗放。全日照、半日照均可生长。对土壤的要求不高，耐瘠薄，耐寒。

林用途：生长快速，生长量大，应用于花架、林中景观配置，可开发作为护坡绿化的植物材料。

云实

Caesalpinia decapetala

苏木科云实属

形态特征：多年生披散型木质藤本。茎暗红色，密生倒钩状刺。叶为二回羽状复叶，小叶长椭圆形。总状花序顶生，直立；花瓣黄色。荚果长椭圆形，具喙。花期3—4月，果期5—7月。

产地分布：长江以南各省区和亚洲热带其他地区。我国各地的植物园和园林部门有栽培。

生长习性：适应性强，在全日照或半荫的环境中均能生长，对土壤的要求不严，以通气良好的壤土为好。

园林用途：用于围墙、护栏和花架等处。

印尼藤

Caesalpinia sp.

苏木科云实属

形态特征：多年生常绿披散型藤本。茎粗壮，具皮刺。叶为二回羽状复叶，小叶长圆形。总状花序或圆锥花序顶生，花多数；花瓣黄色。荚果卵形或倒卵形，种子 1 枚。花期 8—9 月，果期 9—11 月。

产地分布：原产地不明，我国厦门市园林植物园从印尼引种栽培，已开花结果。

生长习性：喜光，宜在阳性地点栽培，对土壤要求不严。

园林用途：目前只在棚架上使用，可用于花架、围墙和护坡绿化。

绿萝

Epipremnum aureum

天南星科麒麟叶属

别名：黄金葛

形态特征：大型常绿藤本植物。茎节气生根发达。叶互生，形态和大小变化很大，近圆形、心形、卵形至卵状长圆形，绿色，带有黄色斑驳。佛焰苞舟状，脱落；肉穗花序比佛焰苞稍短；花白色。花期4—5月。

产地分布：原产于所罗门群岛，现广植于亚洲热带地区。福建、台湾、广东、广西等地引种栽培，北方城市室内有栽培。

生长习性：性喜温暖、潮湿环境，盆栽要求土壤疏松、肥沃、排水性良好。

园林用途：用于墙面、围墙和山石，常作林中景观配置，也作盆栽观赏。有时水培室内摆放。

麒麟尾

Epipremnum pinnatum

天南星科麒麟叶属

别名：麒麟叶

形态特征：多年生大型常绿藤本。茎节上有气生根。叶形变化很大，幼叶披针状长圆形，全缘，老叶轮廓为宽长圆形，羽裂或羽状深裂几达中脉，裂片宽条形。佛焰苞内面黄色；肉穗花序圆柱形。果紧密靠合。花期 4—5 月。

产地分布：我国台湾、广东、广西、海南、云南等省区，印度、东南亚至大洋洲。广东、福建等地部分地区有栽培。

生长习性：喜半荫的环境，在通气性好的壤土中生长较好。

园林用途：用于柱面、围墙和山石，也作林中景观配置。

龟背竹

Monstera deliciosa

天南星科龟背竹属

形态特征：多年生常绿大型藤本；茎粗壮，多节；茎上有气生根，攀附它物向上生长。叶互生，幼叶心脏形，没有穿孔，长大后呈长圆形，具不规则羽状深裂，间有孔裂。肉穗花序腋生，佛焰苞舟形，大型；花淡黄色。花期 8—11 月。

产地分布：原产于墨西哥热带雨林中。各热带地区多引种栽培，我国南北各地引种栽培。

生长习性：喜温暖湿润的环境，忌阳光直射和干燥环境，喜半荫，耐寒性较强，对土壤要求不严。

园林用途：用于山石和墙面，也作林中景观配置，北方城市作室内装饰。

三裂树藤

Philodendron tripartitum

天南星科喜林芋属

别名：三裂喜林芋

形态特征：多年生常绿藤本。茎上有节，节上有气生根，攀附他物向上生长。叶三深裂，裂片近等大，中裂片长披针形。佛焰苞白色或白绿色，向上变黄色；肉穗花序指状。浆果鲜红色。花期 7—9 月。

产地分布：原产于南美洲。福建、广东等地的公园和植物园有栽培。

生长习性：喜温暖湿润的环境，喜半荫的环境，林下生长尤佳。

园林用途：用于墙面、山石和林中景观配置，有时作地被栽培。

大叶崖角藤

Rhaphidophora megaphilla

天南星科崖角藤属

形态特征：多年生常绿大型藤本。茎圆柱形，节间短；节上有气生根，攀附他物向上生长。叶革质，卵状长圆形。花序顶生和腋生，佛焰苞狭长，绿白色；肉穗花序无梗，花密集，淡黄绿色。花期4—8月。

产地分布：云南、福建等地偶见有栽培。

生长习性：喜温暖湿润的环境。

园林用途：用于山石和林中景观配置。

扶芳藤

Euonymus fortune

卫矛科卫矛属

形态特征：多年生常绿或半落叶藤本。茎匍匐或附着他物，茎节上有气生根。叶对生，卵形或广椭圆形。花组成聚伞花序，花小，绿白色。蒴果淡黄紫色。花期5—7月，果期10—11月。

产地分布：我国山西、陕西、山东、江苏、安徽、浙江、江西、河南、湖北、湖南、广西、贵州、云南等省区，朝鲜、日本。我国南北各地常见栽培。

生长习性：耐寒，喜阴湿环境。对土壤要求不严，在含腐殖质多而肥沃的砂质壤土上栽培更好。

园林用途：应用于山石装饰和护坡绿化，常作林下地被种植。

倒地铃

Cardiospermum halicacabum

无患子科倒地铃属

别名：金丝苦瓜

形态特征：一年生或二年生草质藤本。茎有棱。叶互生，二回三出复叶，小叶卵形至卵状披针形。聚伞花序腋生，花杂性，小，白色。蒴果膜质，膨大状，倒卵状三角形；种子圆形，黑色。花期5—7月，果期9—10月。

产地分布：长江以南各省区，中南半岛。各地常见有栽培。

生长习性：全日照、半日照皆可生长，对土壤要求不严。

园林用途：果实膨大有趣，应用于小型花架和护栏。

洋常春藤

Hedera helix

五加科常春藤属

形态特征：多年生常绿藤本。节上有气生根。叶互生，叶形变化很大，常带各色花纹。伞形花序呈球状，通常数个组成总状复花序；花黄色、淡黄白色或淡绿白色。果球形。花期9—10月，果期翌年4—5月。

产地分布：原产于欧洲，现全世界有栽培，我国南北各地有栽培。

生长习性：喜温暖、湿润，耐荫，耐寒，不耐酷暑高温，忌阳光暴晒，对土壤要求不严。

园林用途：应用于墙面、柱面和山石，也作垂吊材料栽培。

南五味子

Kadsura longipedunculata

五味子科南五味子属

形态特征：多年生常绿草质藤本。茎缠绕。叶互生，椭圆形或椭圆状披针形。花单性，雌雄异株，单生于叶腋，花被片白色或淡黄色。聚合果近球形，深红色至暗蓝色。花期6—9月，果期9—12月。

产地分布：华南、华中、华东和西南各省区。

生长习性：喜半荫的环境，对土壤要求不高，在透气性好的壤土上生长较好。

园林用途：用于小型花架、生态护坡和护栏等。

掌叶西番莲

Passiflora 'Amethyst'

西番莲科西番莲属

形态特征：多年生常绿草质藤本。茎多少带白粉，具卷须。叶掌状，3~5深裂。花单生叶腋，花瓣紫红色，多少反折，副花冠暗紫色。果卵圆形，成熟橙黄色。花期4—10月。

产地分布：栽培品种。福建、广东等地的植物园偶见有栽培。

生长习性：喜光，不耐寒，对土壤要求不高。

园林用途：花色娇艳，应用于花架和围墙装饰。

蝎尾西番莲

Passiflora 'Incense'

西番莲科西番莲属

形态特征：多年生常绿草质藤本。茎具卷须。叶掌状或近圆形，3~5 深裂。花单生叶腋，花瓣紫红色，副花冠紫红色或暗紫红色。花期 8—10 月。

产地分布：栽培品种。我国南方部分省区引种栽培。

生长习性：喜高温强光，对土壤要求不高。

园林用途：花大型，花色艳丽，应用于花架或围墙。

西番莲

Passiflora caerules

西番莲科西番莲属

形态特征：多年生常绿草质藤本。茎具卷须。叶近圆形，掌状5深裂。聚伞花序通常仅存1花；花大，花瓣绿色或绿白色，副花冠丝状，带紫色。果卵形至近球形，成熟时黄色至橙黄色。花期4—8月，果期8—9月。

产地分布：原产于南美洲热带，现热带亚热带地区广泛种植。我国南部省区有栽培，偶见逸为野生。

生长习性：喜光，要求高温湿润的环境；对土壤的要求不严。

园林用途：花繁叶茂，应用于花架、护栏等处，也常见盆栽观赏。

红花西番莲

Passiflora coccinea

西番莲科西番莲属

别名：洋红西番莲

形态特征：多年生常绿草质藤本。茎具卷须。叶长圆形至长圆状卵形。花单生叶腋，花冠红色；副花冠紫褐色，内两轮为白色。果近球形。花期几全年，以夏季为盛。

产地分布：原产于委内瑞拉、圭亚那、秘鲁、玻利维亚和巴西。世界热带、亚热带地区常见有栽培，福建、广东和云南等南方省区引种栽培。

生长习性：喜光，适应高温湿润的环境，要求富含腐殖质的沙壤土。

园林用途：花大色艳，花期较长，用于花架、棚架、护栏和围墙的绿化美化上，也可以作盆栽观赏。

鸡蛋果

Hylocereus undatus

西番莲科西番莲属

别名： 百香果、紫果西番莲

形态特征： 多年生常绿草质藤本。茎具卷须。叶掌状 3 深裂。聚伞花序退化仅存 1 花，与卷须对生；花瓣 5 枚，白色；副花冠裂片 4~5 轮。浆果近球形，熟时紫色；种子多数。花期 5—9 月，果期 10—12 月。

产地分布： 原产于大小安的列斯群岛，现广植于热带和亚热带地区。我国南部省区多见栽培。

生长习性： 喜光，要求日照充足，喜高温湿润的环境，土壤以透水性能好的壤土为佳。

园林用途： 用于棚架、花架、护栏和围墙，也常见盆栽观赏。

大果西番莲

Passiflora quadrangularis

西番莲科西番莲属

别名：杂交西番莲

形态特征：多年生草质藤本；幼茎四棱形，常具窄翅。叶膜质，宽卵形至近圆形。花序退化仅存1花；花大，淡红色，芳香；副花冠裂片5轮，丝状，紫色或白色。浆果卵球形，成熟时红黄色。花期2—8月。

产地分布：原产于热带美洲。现广植于热带地区。南方城市有栽培。

生长习性：喜光，对土壤的要求不高，以透水性能好的壤土为佳。

园林用途：用于棚架、花架，也常见盆栽观赏。

量天尺

Passiflora edulis

仙人掌科量天尺属

别名：三棱柱

形态特征：多年生肉质藤本。茎粗壮，深绿色，具 3 棱，棱常翅状；节具气生根，攀附他物上升。花单生，大型，漏斗状，芳香；花冠外瓣黄色，内瓣白色；柱头线形。浆果长圆形，红色。花期 5—7 月。

产地分布：原产于热带美洲，现各热带地区有栽培。我国南方各省区常见有栽培，或逸为野生。

生长习性：喜光，喜温暖、空气湿润的条件，在半荫的环境下也能生长。

园林用途：用于山石配景和墙面绿化。

栽培品种火龙果 *Hylocereus undatus* ‘Fon-Lon’，各地常作为热带水果栽培。

木麒麟

Pereskia aculeata

仙人掌科木麒麟属

别名：叶仙人掌

形态特征：多年生常绿藤本。茎多分枝，具刺，刺针形。叶互生，肉质，卵形至披针形。花排成圆锥花序或伞房花序状，花被片白色或浅黄色。浆果近球形，黄色，有刺。花期9—10月，果期翌年3—4月。

产地分布：原产于热带美洲。现热带地区常见有栽培，我国南方各省区偶见栽培。

生长习性：喜温暖，喜充足的阳光，喜肥沃、疏松的土壤，耐高温，不耐水湿。

园林用途：攀爬能力强，常应用于花架、围墙或山石配景，亦作其他仙人掌科植物的嫁接砧木。

园艺品种美叶木麒麟 *Pereskia aculeate* ‘Godseffiana’，叶金黄色，常见栽培，用途相同。

爆仗竹

Russelia equisetiformis

玄参科爆仗竹属

别名：炮仗竹

形态特征：多年生宿根披散型藤本。茎丛生状，多分枝，先端悬垂。叶轮生或对生，极小，鳞片状，披针形。花排成二歧聚伞花序，花冠红色，花冠筒圆柱形。蒴果球形。花期 3—7 月。

产地分布：原产于墨西哥。现热带地区广为栽培，我国各地有栽培。

生长习性：喜温暖湿润和半荫环境，耐日晒，不怕水湿，耐修剪。

园林用途：应用于挡土墙和护坡绿化，也有作盆栽观赏的。

银背藤

Argyreia mollis

旋花科银背藤属

形态特征：多年生常绿藤本。茎缠绕，粗壮。叶卵形、椭圆形至长圆形，叶背面呈灰白色。聚伞花序腋生或顶生，花 5~8；花冠淡粉红色，漏斗状。果圆球形。花期 7—9 月。

产地分布：我国广东、海南等省区，越南、老挝、柬埔寨、泰国、缅甸及马来半岛。我国南方部分植物园有栽培。

生长习性：喜光，对土壤的要求不严，大部分的土质条件可以生长。

园林用途：应用于花架、棚架和护坡绿化。

美丽银背藤

Argyreia nervosa

旋花科银背藤属

形态特征：多年生常绿木质藤本。茎密被具光泽的白色或黄色绒毛。叶互生，卵圆形，叶背被有光泽的灰白色丝状绒毛。聚伞花序密集成头状；花冠漏斗状，粉红色，喉部紫红色。蒴果球形。花期 8—10 月。

产地分布：我国广东、香港等省区，印度、孟加拉国、印度尼西亚及马来西亚。广州、厦门等地有栽培。

生长习性：喜温暖湿润的环境。在透气性能好的壤土中生长为佳。

园林用途：花冠艳丽，应用于花架、棚架和护坡绿化。

五爪金龙

Ipomoea cairica

旋花科番薯属

形态特征：多年生常绿草质藤本。茎缠绕。叶掌状5深裂或全裂。聚伞花序腋生，具花1~3；花冠紫红色、紫色或淡红色，漏斗状。蒴果近球形，种子黑色。花期5—9月。

产地分布：原产地不明，现已广泛栽培或归化。台湾、福建、广东、广西、云南等地有分布。

生长习性：喜光，要求温暖湿润的环境，适应性极强，生长迅速，要注意过量生长，以免对其他植物造成危害。

园林用途：应用于花架、围墙和护坡绿化。

树牵牛

Ipomoea fistulosa

旋花科番薯属

形态特征：多年生半常绿披散型藤本。枝条幼时直立，伸长后蔓性。叶互生，阔卵形或卵状长圆形。聚伞花序顶生或腋生，有花数朵或多朵；花冠漏斗状，粉红色，花后变淡，喉部红色。蒴果卵球形或球形。花果期5—8月。

产地分布：原产于热带美洲，现栽培于各热带地区。福建、台湾、广西、广东、海南、香港等地有栽培。

生长习性：喜光、喜高温湿润的环境，对土壤要求不严。

园林用途：花大色艳，用于花架和护坡绿化，也常作灌木栽培。

厚藤

Ipomoea pes-caprae

旋花科番薯属

别名：二月红薯，马鞍藤

形态特征：多年生草质藤本。茎多平卧。叶互生，卵形、椭圆形、圆形、肾形或长圆形，顶端微缺或 2 裂。多歧聚伞花序腋生；花冠紫色或深红色，漏斗状。蒴果球形。花期几全年，以夏秋季最为盛。

产地分布：我国浙江、广东、广西、海南、福建、台湾及热带沿海地区。

生长习性：喜光，耐干旱，耐盐碱，适合在滨海沙地种植。

园林用途：应用于护坡绿化，也常作地被栽培。

鱼黄草

Merremia hederacea

旋花科鱼黄草属

别名：篱栏网

形态特征：多年生缠绕藤本。茎有细棱。叶心状卵形，边缘呈分裂状。聚伞花序腋生，有花 3~5；花冠黄色。蒴果扁球形或宽圆锥形，种子三棱状球形。花期 9—11 月。

产地分布：我国台湾、广东、海南、广西、江西、福建、云南等省区，热带非洲、热带亚洲及澳洲。

生长习性：喜光，对土壤要求不高，在通气良好的壤土中生长较好。

园林用途：可开发用于花架、护栏、围墙和护坡绿化。

木玫瑰

Merremia tubrosa

旋花科鱼黄草属

形态特征：多年生常绿藤本；茎下部木质化。叶互生，掌状深裂，裂片7枚。聚伞花序顶生，通常5花；花萼宿存；花冠黄色。蒴果球形，成熟后与宿萼均木质化并开裂。花期夏秋季，果期冬季至翌年春季。

产地分布：原产于热带美洲。现世界热带地区普遍有栽培，我国台湾、福建、广东、广西、云南、海南、香港等地有栽培。

生长习性：喜光，对土壤的要求不高，适应性强，生长迅速，要注意不对其他的植物造成危害。

园林用途：应用于花架、围墙和护坡绿化，可开发成为荒山、土坡等处的生态恢复覆盖植物。

牵牛

Pharbitis nil

旋花科牵牛属

别名：牵牛花、喇叭花

形态特征：一年生藤本。茎缠绕。叶互生，近卵状心形，通常3裂。花腋生，通常单一或2朵着生于花序梗顶；花冠漏斗状，白色、蓝紫色或紫红色。蒴果球形。花果期几全年。

产地分布：原产于热带美洲，现已广植于热带和亚热带地区。我国除西北和东北的一些省份外，大部分地区都有分布，常逸为野生。

生长习性：喜光，在半荫的环境中也能生长，对土壤的要求不高，适应性强，生长迅速，要注意不对其他植物造成危害。

园林用途：应用于花架，围墙和护坡绿化。

茑萝

Quamoclit pennata

旋花科茑萝属

形态特征：一年生草质藤本。茎缠绕，纤细。叶互生，卵形或长圆形，羽状深裂至中脉，裂片线形。聚伞花序腋生，有花2~5；花冠红色，钟形。蒴果卵圆形，种子黑色。花期7—10月。

产地分布：原产于热带美洲，现广布于全球温带至热带地区。我国南北各地广泛栽培。

生长习性：喜阳光充足及温暖环境，对土壤要求不严，但在排水良好的肥沃土壤中生长更好。

园林用途：植株娇柔清秀，花色艳丽，应用于小型花架、围墙和护栏。

三角梅

Bougainvillea glabra

紫茉莉科叶子花属

别名：叶子花、九重葛、簕杜鹃

形态特征：多年生披散型藤本。茎具刺。叶卵状披针形至卵形。花序腋生或顶生，呈圆锥状，通常每3朵簇生于3枚苞片内；苞片淡紫红色至暗红色；花被管狭筒形。花期10至翌年4月。

产地分布：原产于巴西，世界热带地区有栽培，我国南方各省区多有栽培。

生长习性：喜高温，耐瘠薄，耐旱，不耐寒，忌水涝，对土壤要求不严，以疏松、肥沃、通透性好、排水性能强的沙壤土为好。

园林用途：应用于花架、围墙、立交桥、护栏和护坡，常见盆栽观赏。

有许多园艺品种，叶片斑纹、花序着生、苞片颜色和花的颜色变化很大。

凌霄

Campsis grandiflora

紫葳科凌霄属

形态特征：多年生大型落叶木质藤本。茎节上有气生根，攀附能力强。叶对生，奇数羽状复叶有小叶 7~9 片，小叶卵形至卵状披针形。花组成圆锥花序或聚伞花序；花冠漏斗状，内面鲜红色，外部橙黄色。蒴果细长。花期 5—8 月。

产地分布：我国的长江流域，日本。温带和亚热带大部分地区常见有栽培，我国南北各地常见有栽培。

生长习性：喜光，耐寒，土壤要求含腐殖质较多的肥沃壤土。

园林用途：应用于花架、墙面、柱面、山石和围墙。

美国凌霄

Campsis radicans

紫葳科凌霄属

形态特征：多年生落叶木质藤本。茎节具气生根，攀附能力强。叶对生，奇数羽状复叶有小叶 9~11 片，小叶椭圆形至卵状椭圆形。圆锥花序顶生；花冠长漏斗状，橙红色至鲜红色。蒴果长圆柱形。花期 5—8 月。

产地分布：原产于美国东南部。现世界各地有栽培，我国南北各地引种栽培。

生长习性：喜光，耐寒，土壤要求含腐殖质较多的肥沃壤土。

园林用途：应用于花架、柱面、山石和围墙。

连理藤

Clytostoma callistegioides

紫葳科连理藤属

形态特征：多年生常绿藤本。叶对生，羽状复叶，小叶 2 枚，顶端 1 枚小叶变为不分枝的卷须。圆锥花序有花 2~4 朵；花冠漏斗状，粉红色，内外均有淡紫色的条纹。蒴果长圆形，具刺。花期 3—5 月。

产地分布：原产于南美洲的巴西和阿根廷。现全球热带地区常见有栽培，福建、广东等地引入多年。

生长习性：喜光，在半荫的环境下也能生长。

园林用途：叶和花均为两两相对，应用于花架、柱面和围墙。

猫爪藤

Macfadyena unguiscati

紫葳科猫爪藤属

形态特征： 多年生常绿藤本。常具地下块茎。幼苗和嫩枝上的叶为单叶，老枝和花枝的叶为复叶，小叶2枚，顶端1枚小叶裂成3分叉的卷须。花单生或1~3朵成圆锥花序状；花冠漏斗状，黄色。蒴果线形，扁平。花期3—6月。

产地分布： 原产于美洲热带地区。世界热带和亚热带地区时有栽培，我国南方各地偶见有栽培，在厦门鼓浪屿栽培近一个世纪。

生长习性： 喜光，喜温暖湿润的气候；对土壤的要求不严。攀爬能力很强，要注意防止过度生长。

园林用途： 应用于墙面、柱面、围墙和山石。

蒜香藤

Mansoa alliacea

蒜紫葳科香藤属

形态特征：多年生常绿木质藤本。叶对生，羽状复叶，小叶2片，揉之有浓烈的大蒜气味。聚伞花序顶生或腋生；花冠长漏斗状，有大蒜的气味，粉红色，逐渐变淡。蒴果线形，扁平。花期不定，以春季和秋季最为盛。

产地分布：原产于南美洲北部。现世界热带和亚热带地区常见有栽培，我国南方地区有栽培。

生长习性：喜光，日照充足的地点，开花多而美丽，半荫处也能生长，花量较少。土壤要求肥沃，排水条件好。

园林用途：应用于花架和护栏棚架、花架和护栏，也可以矮化处理作为灌木植物和盆栽观赏。

粉花凌霄

Pandorea jasminoides

紫葳科粉花凌霄属

形态特征：多年生常绿木质藤本。茎加粗。叶对生，奇数羽状复叶有小叶 5~9 片。花排成顶生的圆锥花序；花冠漏斗状钟形，淡粉色，喉部桃红色。蒴果长椭圆形，木质。花期 5—7 月。

产地分布：原产于澳大利亚。现热带亚热带地区有栽培，我国南方各地引种栽培。

生长习性：喜光，在半荫的环境下也能生长。

园林用途：应用于花架和护栏。

园艺品种斑叶粉花凌霄 *Pandorea jasminoides*‘Ensel-Variegata’，叶有黄色斑条，用途与粉花凌霄相同。

紫芸藤

Podranea ricasoliana

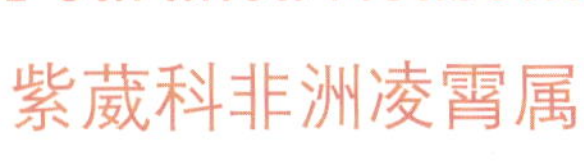

紫葳科非洲凌霄属

别名：非洲凌霄

形态特征：多年生半落叶木质藤本。叶对生，奇数羽状复叶，有小叶 7~11 片。圆锥花序顶生，花多数；花冠钟形，粉红色至淡红色，通常喉部颜色略深，两面均有紫红色的条纹。花期 8—11 月。

产地分布：原产于非洲南部。我国台湾地区引种较早，福建、广东等地近年也有栽培。

生长习性：喜光，喜温暖及高温环境，不耐寒，较耐旱，对土壤的要求不高，在通气良好的壤土中生长为好。

园林用途：应用于花架和护坡，常作为灌木或地被栽培。

炮仗花

Pyrostegia venusta

紫葳科炮仗花属

形态特征：多年生常绿木质藤本。茎粗壮。叶对生，羽状复叶有小叶 1~3 片，顶生小叶常变成丝状卷须。圆锥花序顶生或腋生，花多数；花冠筒状，橙红色至橙黄色。蒴果线形。花期 12 月至翌年 3 月。

产地分布：原产于美洲热带。现世界各地有栽培，我国热带和亚热带省区常见栽培。

生长习性：喜光，耐半荫，土壤要求肥沃，排水条件好。

园林用途：应用于花架、围墙和护栏的美化，也可以在挡土墙上方种植，茎叶下垂，起到软化环境的效果。

紫铃藤

Saritaea magnifica

紫葳科紫铃藤属

形态特征：多年生常绿木质藤本。叶对生，羽状复叶，小叶 2 枚，顶端的 1 枚变成不分枝的卷须。花排成顶生稀疏的圆锥花序；花冠漏斗状，紫红色或淡紫红色，内面喉部白色，带有橙黄色的斑条。花期为秋冬季。

产地分布：原产于哥伦比亚。现热带地区有栽培，我国云南西双版纳和福建厦门等地的植物园有栽培。

生长习性：喜光，在半荫的环境中也能生长。

园林用途：用于花架和护栏，也可攀附在其他乔灌木上。

硬骨凌霄

Tecomaria capensis

紫葳科硬骨凌霄属

形态特征：多年生常绿木质藤本。茎多分枝。叶对生，奇数羽状复叶有小叶 5~9 片。总状或圆锥花序顶生。花冠漏斗状，橙红色或橙黄色，少见黄色的。蒴果长线形。花期几全年，以冬季为盛。

产地分布：原产于非洲东部和南部。全球热带亚热带地区广为栽培，我国南方各地有栽培。

生长习性：喜光，要求日照充足，半荫处也能生长，但花开放较少。

园林用途：应用于花架、山石的绿化美化上，常见修剪为绿篱，或作盆栽观赏。

绿篱植物

彩叶山漆茎

Breynia nivosa

大戟科黑面神属

别名：雪花木

形态特征：常绿小灌木。株高约 50~120 cm，枝条暗红色。叶互生，圆形或阔卵形，全缘，具白色或有白色斑纹。嫩时白色，成熟时绿色带有白斑，老叶绿色。花小，花有红色、橙色、黄白等色。花期夏秋两季。

生长习性：全日照或半日照，喜高温，不耐寒。

园林用途：适合居住区、庭院、公园绿化；片植、丛植、绿篱。

红背桂

Excoecaria cochinchinensis

大戟科海漆属

形态特征： 常绿灌木，株高 100 cm 以上。叶对生，双色，腹面绿色，背面紫红或血红色。株形美观，枝叶飘飒，清新秀丽。

生长习性： 不耐干旱，不甚耐寒，耐半荫，忌阳光暴晒。

园林用途： 适合用于庭院、公园、居住小区绿化。丛植、列植、绿篱。

龟甲冬青

Ilex crenata ‘Convexa’

冬青科冬青属

形态特征：常绿灌木。茎多分枝，小枝有灰色细毛。叶小而密，椭圆形至长倒卵形，叶面亮绿色凸起、厚革质，干时有皱纹。花白色。果球形，黑色。花期5—6月，果期8—10月。

生长习性：喜光，喜温暖气候，适应性强，较耐寒，耐半荫。

园林用途：适合居住区、庭院、公园绿化；耐修剪，片植、绿篱，也可盆栽观赏。

凤尾竹

Bambusa multiplex 'Fernleaf'

禾本科簕竹属

别名：蓬莱竹

形态特征：常绿，小型丛生竹。秆高 1~3m。竹秆深绿色，被稀疏白色短刺，壁薄。叶细密，成凤尾状，密集成球状，叶色浓密。笋期较长，从 4—10 月不断萌发新笋，出笋期可以延续 3~6 个月。

生长习性：阳性植物，喜高温、湿润气候；耐旱、耐热、耐寒，不耐强光暴晒。

园林用途：适合居住区、庭院、公园绿化；耐修剪，列植、丛植、绿篱，可盆栽观赏。

小叶樱桃

Malpighia glabra 'Fairchild'

金虎尾科金虎尾属

形态特征：常绿灌木，株高 100 cm 以上。叶对生，长椭圆形，先端锐或渐尖。花冠粉红色，具清香。核果扁球形，熟时红色可食。花期春末至秋季。

生长习性：阳性植物。喜高温、湿润、向阳之地，不耐寒。

园林用途：适合用于庭院、公园、居住小区绿化，可修剪整形，列植、绿篱、盆栽。

红花檵木

Loropetalum chinense var. *rubrum*

金缕梅科檵木属

形态特征：常绿灌木，树皮暗灰或浅灰褐色。茎多分枝，嫩枝红褐色，密被星状毛。叶革质，互生，卵圆形或椭圆形，暗红色。头状花序，花紫红色，线形，花期4—5月。

生长习性：喜光，稍耐荫，但阴时叶色容易变绿，适应性强，耐旱，喜温暖，耐寒冷。

园林用途：适合居住区、庭院、公园、道路绿化；耐修剪，片植、丛植、绿篱。

金叶假连翘

Duranta repens ‘Golden Leaves’

马鞭草科假连翘属

别名：金心梅

形态特征：常绿灌木，株高 50~80 cm。茎多分枝，枝下垂或平展。叶色金黄至黄绿色。花蓝色或淡蓝紫色。核果橙黄色。花期5—10月。

生长习性：性喜高温，耐旱，全日照，喜好强光，能耐半荫；生长快，耐修剪。

园林用途：适合修剪成形作模纹花坛，丛植、列植、绿篱。

小腊

Ligustrum sinense

木犀科女贞属

形态特征：常绿灌木。小枝圆柱形，幼时被淡黄色短柔毛或柔毛，老时近无毛。叶片纸质或薄革质，上面深绿色，疏被短柔毛或无毛。圆锥花序顶生或腋生，塔形；花白色，微芳香。花期5—6月。

生长习性：全日照、半日照均可，喜温暖至高温的气候，耐旱，耐瘠薄。

园林用途：适合居住区、庭院、公园、道路绿化；可修剪整形，丛植、片植、绿篱。

长隔木

Hamelia patens

茜草科长隔木属

别名：希茉莉

形态特征：常绿灌木。植株全体常呈淡红色。叶通常 3 枚轮生，椭圆状卵形至长圆形。聚伞花序有 3~5 个放射状分枝；花无梗，沿着花序分枝的一侧着生；花冠橙红色，冠管狭圆筒状；浆果卵圆状，暗红色或紫色。花期春季至夏季。

生长习性：阳性植物。性喜温暖至高温、湿润、向阳之地生长。生性强健，耐热也耐寒，耐旱，耐贫瘠。

园林用途：适合居住区、庭院、公园、道路绿化；丛植、片植、绿篱。

六月雪

Serissa japonica

茜草科六月雪属

形态特征：常绿小灌木，高可达90 cm。叶革质，柄短。花单生或数朵丛生于小枝顶部或腋生，花冠淡红色或白色，花柱长突出。花期5—7月。

生长习性：阳性植物，生性强健，耐寒，耐热，耐旱，不耐荫。

园林用途：适合居住区、庭院、公园绿化；耐修剪，片植、丛植、绿篱，可盆栽观赏。

园艺栽培种有金边六月雪、红花六月雪。

火棘

Pyracantha fortuneana

蔷薇科火棘属

形态特征：常绿灌木。侧枝短，先端成刺状，嫩枝外被锈色短柔毛。叶片倒卵形或倒卵状长圆形，先端圆钝或微凹，有时具短尖头，基部楔形。花组成复伞房花序，花瓣白色，近圆形。果实近球形，桔红色或深红色。花期3—5月，果期8—11月。

生长习性：阳性植物，喜强光，耐贫瘠，抗干旱，不耐寒。

园林用途：适合居住区、庭院、公园绿化；片植、绿篱，也可盆栽观赏，制作盆景。

黄金榕

Ficus microcarpa 'Golden Leaves'

桑科榕属

形态特征：常绿小乔木，常修剪作灌木用。树冠广阔，树干多分枝。单叶互生，叶形为椭圆形或倒卵形，叶表面光滑，叶缘整齐，叶有光泽，嫩叶呈金黄色，老叶则为深绿色。

生长习性：适应性强，长势旺盛，容易造型。性喜高温多湿，耐风，耐潮，对空气污染抗害力强。较耐寒，可耐短期的0℃低温，温度在25~30℃时生长较快。

园林用途：适合修剪整形，可作模纹花坛，常丛植、片植、绿篱。

钟花蒲桃

Syzygium campanulatum

桃金娘科蒲桃属

别名：红车、富贵红

形态特征：常绿灌木或小乔木。是一种彩叶植物。一年内可抽新梢 10 余次，每次色叶观赏期约半个月，一年约有一半时间新叶呈红色，且色叶在一个月内由鲜红转为暗红再转为绿色。

生长习性：阳性植物，比较耐高温，喜欢日照充足的肥沃土壤。

园林用途：适合居住区、庭院、公园、道路绿化；列植、丛植，可修剪整形，也可作高篱。

七里香

Murraya exotica

芸香科九里香属

别名：九里香

形态特征：常绿小乔木，枝叶繁密，常被修剪为灌木状。奇数羽状复叶互生，小叶卵形、倒卵形或卵状椭圆形，基斜。花组成短伞房花序，顶生；花冠白色，5瓣，具香气。浆果球形或卵状椭圆形，熟果橙红色。花期夏至秋季。

生长习性：阳性植物。性喜高温、湿润、向阳之地，耐旱，不耐寒。

园林用途：适合居住区、庭院、公园、道路绿化；列植、丛植、片植，可修剪造型，绿篱，老树亦可作盆景。

胡椒木

Zanthoxylum piperitum

芸香科花椒属

形态特征： 常绿灌木。高 30~90 cm。奇数羽状复叶，叶基有短刺 2 枚，叶轴有狭翼；小叶对生，倒卵形，长约 1 cm，叶面浓绿有光泽，全叶密生腺体。花雌雄异株，雄花黄色，雌花橘红色。花期 7—9 月。

生长习性： 全日照，不耐寒，喜温暖至高温的气候。

园林用途： 适合居住区、庭院、公园绿化；列植、丛植、片植，可修剪造型，绿篱。

福建茶

Carmona microphylla

紫草科基及树属

形态特征：常绿灌木。小枝褐色多分枝，树皮状。叶革质，倒卵形或匙形，长 1.5~3.5 cm，先端圆形或戟形，具粗圆齿，上面有短硬毛或斑点，下面近无毛。团伞花序开展，花冠钟形，白色。花期春夏季。

生长习性：生性强健，喜光，耐半荫；喜温暖、湿润的环境。

园林用途：适合居住区、庭院、公园、道路绿化；列植、片植，耐修剪易造型，绿篱，老树可作盆景。

中文名索引

A

爱之蔓......51

B

白粉藤......77

白花油麻藤......11

爆仗竹......117

碧雷鼓......28

薜荔......90

鞭藤......7

扁担藤......81

C

彩叶山漆茎......138

常春油麻藤......12

翠玉藤......13

长隔木......146

长筒金杯花......85

D

大果西番莲......114

大花老鸦嘴......43

大花马兜铃......63

大花铁线莲......68

大叶崖角藤......104

倒地铃......106

地果......91

蝶豆......10

多花黑鳗藤......56

多花素馨......73

F

翡翠阁......76

粉花凌霄......133

粉叶羊蹄甲......97

风车藤......38

凤尾竹......141

扶芳藤......105

福建茶......153

G

公鸡花......65

宫灯花......40

光耀藤......41

广西马兜铃......64

龟背竹......102

龟甲冬青......140

龟甲龙......94

H

何首乌......48

红背桂......139

红瓜......23

红花檵木......143

红花龙吐珠......59

红花西番莲......112

厚藤......122

厚叶棒锤瓜......26

胡椒木......152

花叶白粉藤......75

黄花老鸦嘴......45

黄金榕......149

火棘......148

J

鸡蛋果......113

金杯花......86

金红久忍冬......88

金线吊乌龟......17

金香藤......35

金叶假连翘......144

金银花......89

锦屏藤......78

K

开口马兜铃......66

榼藤子......20

苦藤......53

L

蓝花藤......61

老鼠瓜......27

连理藤......130

量天尺......115

凌霄......128

瘤茎藤......18

六月雪......147

龙吐珠......60

龙须藤......95

鹿角藤......32

络石......36

绿萝......100

M

马兜铃......62

蔓长春藤......37

猫爪藤......131

美国凌霄......129

美丽赪桐......58

美丽银背藤......119

美洲钩吻......67

猕猴桃......69

茉莉......74

木鳖子......24

木玫瑰......124

木麒麟......116

木香......83

N

南五味子......108

茑萝......126

扭肚藤......72

P

爬森藤......34

爬山虎......80

炮仗花......135

匍匐镰序竹......21

葡萄......82

Q

七里香......151

麒麟尾......101

牵牛......125

清明花......31
球兰......54

R

绒苞藤......49
软枝黄蝉......29

S

三角梅......127
三裂树藤......103
山蒟......22
珊瑚藤......47
蛇藤......8
使君子......93
首冠藤......96
树牵牛......121
双腺藤......33
蒜香藤......132

T

藤本月季......84
藤茄......87

W

文竹......6
五爪金龙......120

X

西番莲......111
香荚兰......46
橡胶藤......19
小刀豆......9
小腊......145
小叶樱桃......142
楔翅藤......50
蝎尾西番莲......110
心叶球兰......55
星果藤......39

Y

眼树莲......52
洋常春藤......107
夜来香......57
异叶爬山虎......79
翼叶老鸦嘴......42
银背藤......118
印尼藤......99
鹰爪......15
迎春......71
硬骨凌霄......137
鱼黄草......123
越橘叶蔓榕......92
云南黄素馨......70
云实......98

Z

樟叶老鸦嘴......44
掌叶西番莲......109
钟花蒲桃......150
紫蝉......30
紫铃藤......136
紫藤......14
紫玉盘......16
紫芸藤......134
嘴状苦瓜......25

拉丁名索引

A

Abutilon megapotamicum 40
Actinidia chinensis 69
Allamanda cathartica 29
Allamanda violacea 30
Antigonon leptopus 47
Argyreia mollis 118
Argyreia nervosa 119
Aristolochia debilis 62
Aristolochia gigantea 63
Aristolochia kwangsiensis 64
Aristolochia labiata 65
Aristolochia ringens 66
Artabotrys hexapetalus 15
Asparagus setaceus 6

B

Bambusa multiplex 'Fernleaf' 141
Bauhinia championii 95
Bauhinia corymbosa 96
Bauhinia glauca 97
Beaumontia grandiflora 31
Bougainvillea glabra 127
Breynia nivosa 138

C

Caesalpinia decapetala 98
Caesalpinia sp 99
Campsis grandiflora 128
Campsis radicans 129
Canavalia cathartica 9
Cardiospermum halicacabum 106
Carmona microphylla 153
Ceropegia woodii 51
Chonemorpha eriostylis 32
Cissus discolor 75
Cissus quadrangularis 76
Cissus repens 77
Cissus sieyoides 78
Clematis hybridas 68
Clerodendrum speciosum 58
Clerodendrum splendens 59
Clerodendrum thomsonae 60
Clitoria ternatea 10
Clytostoma callistegioides 130
Coccinia grandis 23
Congea tomentosa 49
Cryptostegia madagascariensis 19

D

Dioscorea elephantipes 94
Dischidia chinensis 52
Dregea volubilis 53
Drepanostachyum stoloniforme 21
Duranta repens 'Golden Leaves' 144

E

Entada phaseoloides 20
Epipremnum aureum 100
Epipremnum pinnatum 101
Euonymus fortune 105
Excoecaria cochinchinensis 139

F

Ficus microcarpa 'Golden Leaves' 149
Ficus pumila 90
Ficus tikoua 91
Ficus vaccinioides 92
Flagellaria indica 7

G

Gelsemium sempervirens 67

H

Hamelia patens 146
Hedera helix 107
Hibbertia scandens 8
Hiptage benghalensis 38
Hoya carnosa 54
Hoya kerrii 55
Hylocereus undatus 113

I

Ilex crenata 'Convexa' 140
Ipomoea cairica 120
Ipomoea fistulosa 121
Ipomoea pes-caprae 122

J

Jasminum elongatum 72
Jasminum mesnyi 70

Jasminum nudiflorum 71
Jasminum polyanthum 73
Jasminum sambac 74

K

Kadsura longipedunculata 108

L

Ligustrum sinense 145
Lonicera heckrottii 88
Lonicera japonica 89
Loropetalum chinense var. *rubrum* 143

M

Macfadyena unguiscati 131
Malpighia glabra 'Fairchild' 142
Mandevilla amabilis 'Alice Du Pont' 33
Mansoa alliacea 132
Merremia hederacea 123
Merremia tubrosa 124
Momordica cochinchinensis 24
Momordica rostrata 25
Monstera deliciosa 102
Mucuna birdwoodiana 11
Mucuna sempervirens 12
Murraya exotica 151

N

Neoalsomitra sarcophylla 26

P

Pandorea jasminoides 133
Parsonsia alboflavescens 34
Parthenocissus dalzielil 79
Parthenocissus tricuspidata 80
Passiflora 'Amethyst' 109
Passiflora 'Incense' 110
Passiflora caerules 111
Passiflora coccinea 112
Passiflora edulis 115
Passiflora quadrangularis 114
Pentalinon luteum 35
Pereskia aculeata 116
Petrea volubilis 61
Pharbitis nil 125
Philodendron tripartitum 103
Piper hancei 22
Podranea ricasoliana 134
Polygonum multiflorum 48
Pyracantha fortuneana 148
Pyrostegia venusta 135

Q

Quamoclit pennata 126
Quisqualis indica 93

R

Rhaphidophora megaphilla 104
Rosa banksiae 83
Rosa chinensis 84
Russelia equisetiformis 117

S

Saritaea magnifica 136
Serissa japonica 147
Solandra longiflora 85
Solandra nitida 86
Solanum seaforthianum 87
Sphenodesme pentandra var. *wallichiana* 50
Stephania cephalantha 17
Stephanotis floribunda 56
Strongylodon macrobotrys 13
Syzygium campanulatum 150

T

Tecomaria capensis 137
Telosma cordata 57
Tetrastigma planicaule 81
Thunbergia alata 42
Thunbergia grandiflora 43
Thunbergia laurifolia 44
Thunbergia mysorensis 45
Tinospora crispa 18
Trachelospermum jasminoides 36
Trichosanthes cucumerina 27
Tristellateia australasiae 39

U

Uvaria microcarpa 16

V

Vanilla planifolia 46
Vernonia elliptica 41
Vinca major 37
Vitis vinifera 82

W

Wisteria sinensis 14

X

Xerosicyos danguyi 28

Z

Zanthoxylum piperitum 152